DICTIONNAIRE

DES

SCIENCES NATURELLES.

PLANCHES.

ZOOLOGIE :

CONCHYLIOLOGIE ET MALACOLOGIE.

STRASBOURG, DE L'IMPR. DE F. G. LEVRAULT.

DICTIONNAIRE
DES
SCIENCES NATURELLES.

2.e PARTIE : RÈGNE ORGANISÉ.

Zoologie.

CONCHYLIOLOGIE ET MALACOLOGIE,

PAR

M. DUCROTAY DE BLAINVILLE,

Membre de l'Académie royale des sciences de l'Institut; Professeur au Jardin du Roi; Professeur d'anatomie, de physiologie comparées et de zoologie à la Faculté des sciences de Paris, etc.

PARIS,

F. G. LEVRAULT, LIBRAIRE-ÉDITEUR, rue de la Harpe, n.° 81,
Même maison, rue des Juifs, n.° 33, à STRASBOURG.

1816 — 1830.

TABLE DES PLANCHES

DU

DICTIONNAIRE DES SCIENCES NATURELLES.

ZOOLOGIE.

CONCHYLIOLOGIE ET MALACOLOGIE.

N.° d'ordre.	FAMILLES.	GENRES ET ESPÈCES.	RENVOI AU TEXTE. Tome.	Page.	N.° du cahier.
1 2 3 4	....	Planches de principes....	—	—	43
5	CRYPTODIBRANCHES	Poulpe de l'argonaute (sous le nom de *P. tuberculé*).	32 43	173 196	7
		Sèche tuberculeuse.......	32 48	175 285	
		Calmar flèche...........	32 48	174 257	
6	*Idem*..........	Poulpe des anciens.......	32 43	173 192	48
		= de Cranch.......	32 43	173 195	
7	*Idem*..........	= navigat. des anciens	32 43	173 188	48
8	*Idem*..........	= commun.........	32 43	173 188	47
		= musqué..........	32 43	173 190	
		Calmar sépiole...........	32 48	174 257	
		= de Cranch.......	32 48	174 257	
9	*Idem*..........	= de Banks........	32 48	174 257	45
		= commun.........	32 48	174 257	
		= sèche...........	32 48	175 257	
10	*Idem*..........	Béloptére Cuvier......... = Defrance..... Rhyncholithe lisse....... Conchorhynque orné.....			54

N.° d'ordre.	FAMILLES.	GENRES ET ESPÈCES.	RENVOI AU TEXTE. Tome.	Page.	N.° du cahier.
		Spirule australe.........	32	189	
			50	306	
		Nummulite lenticulaire...	35	226	
		Miliolite cœur de serpent.	31	69	
			4	282	
		Bélemnite bicanaliculée...	4 S.	66	
			32	193	
11	Cryptodibranches	Bacculite gigantesque.....			7
		Turrilite comprimée......	32	186	
			56	148	
		Simpligade colubrie......	32	185	
			49	248	
		Nautile flambé...........	32	184	
			34	295	
		Ichtyosarcolite triangulaire	22	549	
12	Margaritacées..		32	191	41
		Gerville solénoïde........	18	503	
		Spirolinite cylindracée....	50	298	
		= aplatie........	50	298	
			13	346	
		Discorbite vésiculaire.....	32	186	
13	Numulacées, Orthocéracées, Spirulacées.	Nodosaire baguette.......	35	127	
			36	485	31
		Textulaire sagittule......	32	177	
			53	344	
		Saracénaire d'Italie.......	32	177	
			47	344	
		Sidérolite calcitrapoïde...	32	180	
			49	98	
		Lenticulite planulée.....	25	452	
			32	181	
		Discorbite vésiculaire.....	13	346	
		Rotalite trochidiforme....	32	187	
14	Numulacées.....		46	303	33
		Frondiculaire aplatie.....	32	178	
		Planulaire oreille........	32	178	
			41	244	
		Planospirite solitaire.....	S.	—	
			41	234	
		Miliole des pierres.......	31	69	
			32	176	
		Mélonie sphérique.......	30	17	
15	Polythalamacées.		32	176	45
		= sphéroïde.......	30	17	
			32	176	
		Orbiculine numismale....	32	180	
			36	291	

N.° d'ordre.	FAMILLES.	GENRES ET ESPÈCES.	RENVOI AU TEXTE. Tome.	Page.	N.° du cahier.
15	POLYTHALAMACÉES (*Suite.*)	Placentule pulvinée......	32	180	45
			41	193	
		Vorticiale craticulée......	32	181	
			25	453	
		Lenticuline rotulée.......	32	181	
		Polystomelle planulée....	32	183	
16	NAUTILACÉS......	Nautile triangulaire......	32	184	51
			34	285	
		= ombiliqué.......	32	184	
			34	285	
		= à deux siphons...	32	184	
			34	285	
		Orbulite épaisse..........	36	294	
17	AMMONÉES......	Ammonite interrompue...	2	52	45
			32	185	
		= de Brongniart...	2	52	
			32	185	
		= épaisse..........	2	52	
			32	185	
		= de Deslonchamps.	2	52	
			32	185	
		= de Gerville......	2	52	
			32	185	
18	*Idem*..........	= de Caen.........	2	52	45
			32	185	
		= de Deslonchamps.	2	52	
			32	185	
		= de Bayeux.......	2	52	
			32	185	
		= de Braikenridge..	2	52	
			32	185	
19	CRISTACÉS et TURBINACÉS.	Rotalite trochidiforme....	32	179	48
			46	303	
		Cibicide glacé...........	9	188	
			32	187	
		Linthurie casque........	26	555	
			32	188	
		Oréade auriculaire.......	32	188	
			36	315	
		Crépiduline astacole......	32	188	
20	ORTHOCÈRES et LITHUACÉS.	Ammonocératite.........	32	189	48
		Ichthiosarcolite..........	22	549	
			32	191	
		Lituole nautiloïde.......	27	81	
			32	190	
		Conilite onguliforme.....	32	192	

N.° d'ordre.	FAMILLES.	GENRES ET ESPÈCES.	RENVOI AU TEXTE. Tome.	RENVOI AU TEXTE. Page.	N.° du cahier.
20	ORTHOCÉRÉS et LITHUACÉS. (*Suite.*)	Bélemnite mucronée......	4 4 S. 32	282 66 193	48
		= de Scanie.....	4 4 S. 32	282 66 193	
		Béloptère sépioïde	S.	—	
		= bélemnoïde.....	S.	—	
		Bélemnite fistuleuse......	4 4 S. 32	282 66 193	
		= obtuse.........	4 4 S. 32	282 66 193	
21	ORTHOCÉRÉS.....	= d'Osterfield....	4 4 S. 32	282 66 193	48
		= granulée.......	4 4 S. 32	282 66 193	
		= pleine.........	4 4 S. 32	282 66 193	
		= aiguë	4 4 S. 32	282 66 193	
		= hastée.........	4 4 S. 32	282 66 194	
		= bicanaliculée ..	4 4 S. 32	282 66 193	
		= gigantesque....	4 4 S. 32	282 66 193	
		= pénicillée......	4 4 S. 32	282 66 193	
		Orthocère rég liée.......	32 36	192 485	
		Bélemnite épée..........	4 4 S. 32	282 66 193	
22	CÉPHALOPODES ...	Baculite vertébrale fossile .	3 S. 32	160 191	5
23	CRYPTODIBRANCHES	Hamite cylindrique......	20 32	148 189	30

N.° d'ordre.	FAMILLES.	GENRES ET ESPÈCES.	RENVOI AU TEXTE. Tome.	RENVOI AU TEXTE. Page.	N.° du cahier.
23	CRYPTODIBRANCHES (*Suite.*)	Amplexus coralloïdes.....	2 S. 32	29 192	30
		Scaphites æqualis........	32 48	190 28	
24	*Idem*..........	Orthocère annelée........	32 36	192 485	30
		Conulaire de Sowerby....	32	193	
25	SYPHONOSTOMES...	Fuseau rubané	17 32	535 197	21
		Triton clandestin........	32 55	200 373	
		Pleurotome tour de Babel.	32 41	196 384	
		Clavatule auriculifère	9	377	
26	ENTOMOSTOMES...	Rostellaire bec arqué.....	32 46	197 295	44
		Alène tachetée	1 S. 5 5 S. 32	114 407 116 206	
		Vis buccin..............	5 32 58	407 206 286	
		Planaxe sillonné.........	32 41	205 219	
		Mélanopside buccinoïde ..	29 32	476 205	
27	SYPHONOSTOMES...	Turbinelle scolyme.......	32 56	199 84	17
		Fasciolaire tulipe	16 32	196 199	
		Pyrule mélongène........	32 44	198 210	
28	SYPHONOSTOMES et ENTOMOSTOMES.	Struthiolaire noduleuse...	51	157	44
		Rocher forte épine	32 45	202 520	
		" tubifère..........	32 45	202 539	
		Buccin tuberculeux......	5 32	405 208	
		" casquillon........	5 32	401 208	
29	SYPHONOSTOMES...	Triton tuberculeux.......	32 55	200 173	17
		Ranelle crapaud.........	32 44	201 446	
		Triton varié............	32 55	200 373	

N.° d'ordre.	FAMILLES.	GENRES ET ESPÈCES.	RENVOI AU TEXTE. Tome.	Page.	N.° du cahier.
30	SYPHONOSTOMES...	Apolle gyrin............	45	518	16
		Lotoire baignoire........	27	230	
			45	518	
		Aquile cutacé......... ..	2 S.	109	
			45	518	
		Murex chicorée..........	45	527	
		Bronte cuiller...........	5 S.	64	
			45	521	
31	ENTOMOSTOMES...	Cérite buire.............	7	517	51
			32	204	
		= chenille	7	518	
			32	204	
		= tristome..........	7	516	
			32	204	
		= cuiller............	7	516	
			32	204	
			41	127	
		= sillonnée.........	7	516	
			32	203	
		= Goumier..........	7	516	
			32	203	
32	*Idem*.........	Cérithe corne-d'abondance.	7	516	55
			32	203	
33	TURRICULACÉES...	Mélanopside lisse........	29	476	22
			32	205	
		Pyrène de Madagascar....	41	128	
		Turritelle acutangle......	32	227	
			56	162	
		Pyramidelle térébelle.....	44	135	
34	TURRICULÉS......	Proto Maraschinii........	32	228	38
			43	410	
		= turritella	32	228	
			43	410	
		Potamide fragile	43	95	
		Nériné tuberculeuse......	34	462	
35	ENTOMOSTOMES...	Cancellaire réticulée......	6	413	21
			6 S.	87	
			32	211	
		Ricinule horrible........	32	210	
			45	459	
		Licorne imbriquée.......	26	272	
		Buccin ondé............	5	401	
36	*Idem*..........	Casque triangulaire.......	5	404	22
			7	207	
			32	209	
		Cassidaire échinophore....	20	321	
			32	209	

N.° d'ordre.	FAMILLES.	GENRES ET ESPÈCES.	RENVOI AU TEXTE. Tome.	Page.	N.° du cahier.
36	ENTOMOSTOMES. (*Suite.*)	Harpe noble...........	20	301	22
			32	208	
		Tonne cannelée..........	5	403	
			32	209	
		= perdrix...........	5	403	
			32	209	
37	*Idem*..........	Concholepas du Pérou....	10	166	21
			32	213	
		Buccin réticulé..........	5	402	
		Pourpre persique........	32	211	
			43	235	
		Cyclope étoilé..........	12	290	
38	ANGYOSTOMES....	Strombe aile cornue......	32	213	17
			51	114	
		Idem.................	51	114	
		Ptérocère scorpion.......	44	26	
		Idem.................	44	26	
39	*Idem*..........	Cône flamboyant.........	10	254	18
			32	214	
		= hermine..........	10	244	
			32	214	
		= mitré.............	10	244	
			32	214	
		= drap-d'or..........	10	260	
			32	214	
		Rhombe impérial........	10	250	
			32	214	
40	*Idem*..........	Tarrière subulée.........	32	215	18
			52	275	
		Séraphe oublie..........	48	490	
		Volvaire à collier........	58	483	
41	ENTOMOSTOMES...	Éburne de Ceilan........	5	403	21
			32	207	
		Mitre rubanée...........	31	480	
			32	217	
		Ancillaire cannelle.......	32	217	
		Vis forêt..............	58	285	
		Hippocrène columbaire...	21	180	
		Rostellaire pied-de-pélican.	46	299	
42	ANGYOSTOMES....	Mitre épiscopale.........	31	481	44
			32	217	
		= à petites zones.....	31	487	
			32	217	
		= dactyle.........	31	485	
			32	217	
		Olive ondée............	32	216	
			36	32	

N.° d'ordre.	FAMILLES.	GENRES ET ESPECES.	RENVOI AU TEXTE. Tome.	Page.	N.° du cahier.
42	ANGYOSTOMES. (*Suite.*)	Olive littérée...........	32 36	216 39	44
		= subulée	32 36	216 40	
		Mitre décorée..........	31 32	480 217	
43	*Idem*..........	Volute neigeuse	32 58	218 467	17
		Cymbie gondole	S.	—	
		Columbelle strombiformie..	10	83	
44	*Idem*..........	Cyprée exanthème adulte et non adulte (sous le nom de *Porcelaine*).........	32	220	18
		Péribole d'Adanson.......	32 38	219 465	
		Olive de Panama........	32 36	216 30	
		Marginelle féverolle......	29 32	142 219	
		= bobi.........	29 32	140 219	
45	*Idem*..........	Ovule oviforme..........	32 37	221 127	18
		Ultime gibbeux..........	32 37	221 130	
		Navette volve...........	34 37	310 131	
		Calpurne verruqueux.....	S.	—	
46	GONYOSTOMES....	Troque nilotique.........	32 55	222 442	16
		Cadran escalier..........	32 49	222 409	
		Empereur couronné......	14	408	
		Fripier agglutinant.......	17 55	402 447	
47	*Idem*..........	Toupie concave..........	32 55	223 442	44
		= télescope........	32 55	224 442	
		= obélisque........	32 55	224 450	
		= Iris.............	32 55	224 455	
		Sabot blanchâtre.........	32	225	
		Roulette rose............	46	336	
		Maclourite géant.........	27	519	
		Évomphale ancien.......	15	543	

N.° d'ordre.	FAMILLES.	GENRES ET ESPÈCES.	RENVOI AU TEXTE. Tome.	Page.	N.° du cahier.
48	CRICOSTOMES....	Turbo veuve............	32 56	225 100	16
		Éperon molette..........	6 S. 15	21 12	
		Dauphinule lacinié......	12 32	543 227	
		Monodonte double bouche	32	226 474	
49	*Idem*..........	Vermet d'Adanson.......	32 57	228 322	17
		Scalaire commune........	32 48	228 11	
		Laniste d'Olivier (sous le nom d'*Ampullaire caréné*)..............	32	234	
		Valvaire des piscines.....	32 56	229 462	
		Scalaire précieuse........	32 48	228 13	
		Vivipare à bandes.......	37 58	302 302	
		Cyclostome élégant.......	12 32	297 230	
50	ELLIPSOSTOMES...	Ampullaire idole........	20 32	445 234	43
		Hélicine striée..........	20 32	456 235	
		Phasianelle infléchie......	32 39	234 459	
		Rissoaire aiguë..........	32 45	232 478	
		Mélanie thiare..........	29 32	461 232	
51	HÉMICYCLOSTOMES.	Nérite de Malacca.......	32 34	238 465	14
		Néritine zèbre..........	32 34	238 475	
		Natice zonaire..........	32 34	237 248	
		Clithon couronné........	32 34	239 476	
		Monodonte de Pharaon...	32	226 474	
52	*Idem*..........	Navicelle elliptique......	32 34	240 318	43
		Piléole de Hauteville.....	32 40	239 461	

N.° d'ordre.	FAMILLES.	GENRES ET ESPÈCES.	RENVOI AU TEXTE. Tome.	Page.	N.° du cahier.
52	HÉMICYCLOSTOMES. (*Suite.*)	Natice perverse..........	32 34	237 247	43
		= marron..........	32 34	237 247	
		= mamelle	32 34	237 255	
		Nérite saignante.........	32 34	238 467	
		Néritine auriculée	32 34	239 476	
		Natice solide...........	32 34	237 251	
53	ELLIPSOSTOMES ...	Limnée stagnale.........	26 32	457 243	16
		Amphibulime capuchon ..	2 S. 32	24 248	
		Physe de la Nouv.-Hollande	32 40	244 144	
		Mélanie spire aiguë......	29 32	460 231	
		Phasianelle peinte	39	456	
54	*Idem*	Janthine violette.........	24 32	148 241	43
		Limnée auriculaire.......	26 32	449 243	
		Planorbe corné..........	32 41	245 226	
		Tornatelle coniforme.....	32 54	245 538	
		Auricule aveline.........	3 S.	131	
		= pygmée	3 S.	131	
		Pyramidelle dentée.......	32 44	247 134	
55	*Idem*..........	Auricule de Juda........	3 S. 32	132 246	15
		Agathine de Virginie.....	1 S. 32	78 249	
		Bulime radié...........	5 S. 32	128 248	
		Ambrette amphibie.......	32	248	
		Tornatelle fasciée........	32 54	245 539	
56	*Idem*..........	Hélice plissée...........	20 32	425 252	15
		Hélicine néritine	20	455 456	
		Carocolle à bandes.......	20	428	

N.° d'ordre.	FAMILLES.	GENRES ET ESPÈCES.	RENVOI AU TEXTE. Tome.	Page.	N.° du cahier.
56	Ellipsostomes. (*Suite.*)	Tomogère déprimé	32 54	252 496	14
		Maillot momie	28 32	96 251	
		Clausilie lisse	9 32	364 250	
57	*Idem*	Agathine zèbre	1 S. 32	78 249	43
		= gland	1 S. 32	78 250	
		= columnaire	1 S. 32	78 250	
		Maillot bossu	28 32	91 251	
		Hélice conoïde	20 32	437 253	
		= naticoïde	20 32	421 253	
		= planorbe	20 32	426 254	
		= peson	20 32	430 254	
58	Limacinées	Vitrine transparente	20 32 58	458 255 296	46
		Testacelle ormier	32 53	255 243	
		Parmacelle d'Olivier	32 37	256 551	
		Limacelle d'Elfort	26 32	434 256	
		Limace grise	26 32	429 257	
		= rouge	26 32	428 257	
		Onchidie lisse	32 36	258 117	
59	Chismobranches	Coriocelle noire	32	259	44
		Sigaret convexe	32 49	259 112	
		Cryptostome de Leach	12 32	128 260	
		Vélutine capuloïde	32	261	
		Stomatelle auricule	32 51	261 73	
60	Monopleurobranches.	Berthelle poreuse	32 41	262 370	

N.° d'ordre.	FAMILLES.	GENRES ET ESPÈCES.	RENVOI AU TEXTE.		N.° du cahier.
			Tome.	Page.	
60	MONOPLEUROBRANCHES. (*Suite.*)	Pleurobranche Lesueur....	32 41	262 371	44
		Pleurobranchidie Meckel..	32 41	263 376	
		Aplysie dépilante........	32	264	
		Dolabelle de Rumph (coq.).	13 32	375 265	
		Bursatelle Leach.........	5 S. 32	138 265	
		Notarche Cuvier.........	32 35	266 161	
61	*Idem*..........	Ombrelle chinoise........	32 36	267 99	44
		Siphonaire de Lesson.....	32 49	267 296	
62	ACÈRES.........	Bulle hydadite...........	5 32	426 268	51
		Bullée plancienne........	5 32	429 269	
		Lobaire charnu..........	27 32	94 270	
		Sormet d'Adanson........	32 49	270 490	
		Gastéroptère de Meckel...	32	270	
		Atlas de Péron..........	32	271	
		Bulle fragile...........	5 32	426 268	
		= oublie............	5 32	426 268	
		Buline de la Jonkaire....	5 S. 40	129 141	
		Bulle banderolle........	5 32	426 268	
		= papyracée.........	5 32	426 268	
		= ampoule..........	5 32	426 268	
63	PTÉRODIBRANCHES, POLYBRANCHES et CYCLOBRANCHES.	Clio austral............	9 32	440 273	12
		Hyale tridentée.........	22 32	65 272	
		Glaucus atlanticus.......	19 32	33 276	
		Laniogère d'Elfort.......	25 32	243 276	
		Scyllée pélagique.......	32 48	278 239	

N.° d'ordre.	FAMILLES.	GENRES ET ESPÈCES.	RENVOI AU TEXTE. Tome	Page.	N.° du cahier.
63	PTÉRODIBRANCHES, POLYBRANCHES et CYCLOBRANCHES. (*Suite.*)	Tritonie de Homberg.....	32	278	12
			55	388	
		Péronie de l'Isle-de-France	32	281	
			38	523	
		Onchidore de Leach	32	280	
			36	121	
		Doris argo.............	13	451	
			32	280	
64	THÉCOSOMES, GYMNOSOMES et PSILOSOMES.	Cléodore de Browne.......	9	386	46
			32	272	
		Vaginelle de Bordeaux...	56	427	
		Cymbulie de Péron	12	333	
			32	273	
		Pneumoderme de Péron ..	32	274	
			42	44	
		Phylliroë bucéphale......	32	275	
			40	103	
		Tergipède lacinulé.......	32	276	
			53	172	
65	POLYBRANCHES et CYCLOBRANCHES.	Cavoline pélerine........	7	311	48
			32	277	
		Éolide de Cuvier........	14	558	
			32	277	
		Téthys léporine.........	32	279	
			53	292	
		Doris cornue	13	445	
			32	279	
		= laciniée	13	445	
			32	279	
		= semelle	13	445	
			32	280	
66	INFÉROBRANCHES et NUCLÉOBRANCHES.	Phyllidie à trois lignes...	32	281	12
			40	98	
		Linguelle d'Elfort........	26	512	
			32	281	
		Carinaire de la Méditerranée	7	105	
			32	283	
		Firole de Fréderic.......	17	67	
			32	282	
		Coquille de l'Argonaute papyracé..............	3	102	
			32	285	
		Œufs de poulpe........	43	170	13
67	CLYPÉACÉES.....	Patelle vulgaire.........	32	289	
			38	114	
		Parmophore alongée......	32	292	
			37	559	

N.° d'ordre.	FAMILLES.	GENRES ET ESPÈCES.	RENVOI AU TEXTE. Tome.	Page.	N.° du cahier.
67	CLYPÉACÉES. (*Suite.*)	Fissurelle de Grèce......	17	77	13
			32	290	
		Émarginule conique......	14	381	
			32	291	
		Navicelle elliptique......	34	318	
		Ancille fluviatile.........	2	113	
			2 S.	45	
			32	294	
68	*Idem*..........	Rimule de Blainville.....	32	291	45
			45	471	
		Émarginule déprimée.....	14	380	
			32	291	
		= échancrée....	14	380	
			32	291	
		Dentale lisse............	13	69	
			32	287	
		Spiratelle limacine.......	32	284	
			50	283	
		Haliotide canaliculée	20	223	
			32	293	
		Crépidule subspirée......	11	397	
			32	295	
		Calyptrée éteignoir.......	6	274	
			6 S.	60	
			32	296	
		Atlante de Péron........	32	284	
69	*Idem*..........	Patelle vulgaire.........	32	289	45
			38	114	
		= en bateau........	32	289	
			38	96	
		= scutellaire	32	289	
			38	102	
		= en cuiller........	32	289	
			38	100	
		= pectinée.........	32	289	
			38	92	
		= cymbulaire.......	32	289	
			38	91	
		= rouge dorée......	32	289	
			38	109	
70	*Idem* et autres..	Orbicule crépue	32	304	42
			36	291	
		Calcéole sandaline.......	6	221	
			32	306	
		Opis cardissoïde.........	36	219	
		Piléole de Hauteville.....	40	461	
		Rimule fragile...........	45	471	

N.° d'ordre.	FAMILLES.	GENRES ET ESPÈCES.	RENVOI AU TEXTE. Tome.	Page.	N.° du cahier.
70	Clypéacées et autres. (*Suite.*)	Buline de la Jonckaire...	5 S.	129	42
			40	141	
71	Mégastomes.....	Cabochon tortillé........	6	23	14
			32	296	
		Calyptrée équestre.......	6	274	
			32	296	
		Crépidule porcellane.....	11	397	
			32	294	
		Stomate nacrée..........	32	293	
			51	71	
		Stomatelle imbriquée.....	51	73	
		Sigaret concave..........	49	110	
		Haliotide à côtes........	20	223	
			32	292	
72	*Idem*..........	Hipponice corne-d'abond..	21	186	16
			32	297	
		= de Sowerby...	S.	—	
		= dilatée.......	21	187	
		= mitrale.......	S.	—	
73	Linguléés.......	Térébratule dorsale......	32	300	13
			53	136	
		Orbicule de la Norwége..	32	304	
			36	292	
		Lingule anatine..........	26	521	
			32	299	
74	Palliobranches..	Térébratule digone.......	32	300	48
			53	127	
		= globuleuse...	32	300	
			53	127	
		= difforme.....	32	300	
			53	127	
		= ailée........	32	300	
			53	127	
		= rouge.......	32	300	
			53	138	
		= tête-de-serpent	32	300	
			53	139	
		= lyre.........	32	301	
			53	127	
		= canalyfère...	32	301	
			53	127	
		Calcéole sandaline........	6	221	
			32	306	
75	Linguléés.......	Strygocéphale de Burtin..	51	102	33
		Strophomenes rugosa.....	32	302	
			51	151	

N.° d'ordre.	FAMILLES.	GENRES ET ESPÈCES.	RENVOI AU TEXTE. Tome.	Page.	N.° du cahier.
76	Lingulées......	Magas pumilus..........	28	12	33
		Spirifer de Sowerby......	32	301	
			50	295	
		= trigonalis........	32	301	
			50	293	
77	Ostracées, Lingulacées.	Pentamerus Knightii.....	38	372	44
		Productus Martini.......	43	350	
		Uncite gryphoïde........	56	256	
78	Palliobranches..	Dianchore strié..........	13	161	61
			32	303	
		Plagiostome épineux......	32	303	
			41	200	
		Podopside tronquée......	32	303	
			42	71	
		Orbicule lisse...........	32	304	
			36	293	
		= de Norwége.....	32	304	
			36	292	
79	Sub-Ostracées, Lingulacées.	Plagiostome épineux......	32	303	44
			41	200	
		Pachyte ponctuée........	37	206	
		Dianchore bordé........	13	161	
			32	303	
80	Ostracées et Conchacées.	Thécidée rayonnante.....	32	302	25
			53	434	
		Cypricarde modiolaire....	S.	—	
		Calcéole hétéroclite......	6	221	
			32	306	
81	Lingulacées.....	Sphérulite foliacée.......	32	305	34
			50	218	
82	Rudistes, Orthocéracées.	Jodamie Duchâtel........	24	230	35
			32	306	
		= bilingue........	24	230	
			32	306	
		Radiolite turbinée.......	32	305	
			44	346	
83	Orthocéracées..	Hippurite corne-d'abond...	21	196	31
		= bioculée.......	21	197	
		= sillonnée......	21	196	
84	Ostracées......	Cranie antique..........	11	312	15
			32	304	
		= masque..........	11	312	
			32	304	
		Anomie pelure d'oignon..	2	186	
			32	307	
		Gryphée arquée..........	19	536	
			32	309	

N.° d'ordre.	FAMILLES.	GENRES ET ESPÈCES.	RENVOI AU TEXTE. Tome.	Page.	N.° du cahier.
84	OSTRACÉES (*Suite*).	Huître nacrée	22 32	18 308	15
85	*Idem*	= comestible........	22 32	16 308	47
		= crête-de-coq.......	22 32	19 309	
		Placune vitrée...........	32	308	
		Peigne de Saint-Jacques...	32 38	311 239	
		= sole.............	32 38	311 239	
86	SUB - OSTRACÉES, CRICOSTOMES, SOLÉNACÉES.	Hinnite de Cortési.......	21 32	169 311	26
		Pleurotomaire ornée	41	382	
		= tuberculeuse	41	382	
		Gervillie solénoïde.......	18 32	503 316	
87	SUB-OSTRACÉES...	Spondyle gaiderope	32 50	310 321	14
		Plicatule gibbeuse	32 41	310 399	
		Lime commune..........	26 32	443 312	
		Peigne glabre	32 38	311 241	
		Vulselle lingulée	32 58	313 516	
		Houlette spondyloïde.....	21 32	469 312	
88	NAUTILACÉES, SPHÉRULACÉES, MARGARITACÉES.	Cristellaire casque........	11	614	32
		Pyrgo lisse..............	32	273	
		Pulvinite d'Adanson	32 44	316 107	
		Catillus Lamarckii.......	32	316	
89	MARGARITACÉES...	Trichite épaisse..........	55	206	55
90	*Idem*	Perne fémorale..........	32 38	314 512	15
		Crénatule aviculaire......	11 32	379 315	
		Avicule aronde..........	3 S. 32	138 317	
		Marteau commun........	29 32	257 314	
91	MYTILACÉES......	Pinne noble.............	32 41	319 64	16
		Moule d'Afrique.........	32 33	318 144	

2

N.° d'ordre.	FAMILLES.	GENRES ET ESPECES.	RENVOI AU TEXTE. Tome.	Page.	N.° du cahier.
91	Mytilacées (*suite*).	Modiole des Papous	31 32	511 318	16
		Lithodome ordinaire	27	66	
92	Arcacées	Arche barbue	2 32	459 321	15
		= de Noë	2 32	459 321	
		Pétoncle pectiniforme	32 39	322 222	
		Cucullée auriculifère	12	142	
		Nucule margaritacée	32 35	322 216	
93	*Idem*	Arche bistournée	2 32	460 321	47
		= mytiloïde	2 32	457 321	
		= velue	2 32	457 320	
		Marteau vulsellé	29 32	258 314	
		Inocérame concentrique...	23 32	428 315	
		Cypricarde de Guinée	32	326	
		Avicule mère-perle	3 S. 32	138 317	
94	Submytilacées...	Anodonte des cygnes	2 32	184 324	48
		Iridine exotique	32	323	
		Anodonte dipsade	2 32	183 324	
95	*Idem*	Moulette ridée	32	324	47
		= des peintres	32	325	
		= sinuée	32	324	
		= Castalie	32	325	
96	Conchacées	Tridacne bénitier	32 55	329 256	27
		Hippope chou	21 32	189 329	
		Vénéricarde imbriquée ...	32 57	326 232	
		Hiatelle à deux fentes	21	149	
97	Conchacées, Serpulées.	Volupie ridée	58	451	55
		Serpule ? de Vieillot	48	569	
		= cor-de-chasse....	48	568	
		Entale ridée	14	517	
		Vaginelle retroussée	56	427	
		Serpule tête-de-serpent....	48	567	

N.° d'ordre.	FAMILLES.	GENRES ET ESPÈCES.	RENVOI AU TEXTE. Tome.	Page.	N.° du cahier.
98	CARDIACÉES......	Cardite tachetée.........	7	88	26
			32	325	
		Isocarde globuleuse	24	17	
			32	330	
		Bucarde édule...........	5	397	
			32	332	
99	CAMACÉES.......	Trigonie nacrée..........	32	330	16
			55	292	
		Came feuilletée..........	6	286	
			32	327	
		Corbule gauloise.........	10	398	
			32	344	
		Dicérate ariétine.........	13	172	
			32	327	
100	CONCHACÉES.....	Opis cardissoïde.........	36	219	47
		Éthérie elliptique........	15	485	
			32	328	
		Bucarde sourdon.........	5	395	
			5 S.	103	
			32	332	
		Hémicarde soufflet.......	32	332	
		Cyprine d'Islande........	12	403	
			32	336	
101	*Idem*..........	Donace bec-de-flûte	13	420	27
			32	332	
		= des canards......	13	424	
			32	333	
		Capse du Brésil.........	6	522	
			32	333	
		Telline soleil-levant......	32	333	
			52	530	
102	*Idem*..........	Loripède lacté	27	217	27
			32	335	
		Tellinide de Timor......	32	334	
			52	559	
		Lucine divergente........	27	271	
			32	334	
		Corbeille renflée.........	10	396	
			32	335	
103	*Idem*..........	Cyclade cornée..........	12	277	26
			32	335	
		= de Ceilan.......	12	277	
			32	336	
		Galathée à rayons........	18	60	
			32	336	
		Crassatelle sillonnée......	11	358	
			32	338	

N.° d'ordre.	FAMILLES.	GENRES ET ESPÈCES.	RENVOI AU TEXTE. Tome.	Page.	N.° du cahier.
103	CONCHACÉES (*suite*)	Mactre lisor	27	542	26
			32	337	
		Onguline transverse	32	345	
			36	131	
		Érycine cardioïde	15	264	
			32	338	
104	*Idem*	Venus tumescente	32	339	47
			57	261	
		= exolète	32	339	
			57	261	
		= tigerrine	27	261	
			32	340	
		= pectinée	32	340	
			57	272	
		= fauve	32	340	
			57	266	
105	*Idem*	= croisé	32	340	47
			57	275	
		= corbeille	32	340	
			57	283	
		= bombée	32	340	
			57	261	
		= rudérale	32	340	
			57	261	
		= crénulaire	32	341	
			57	284	
		= chambrière	32	341	
			57	286	
		= crassatelle	32	341	
			57	261	
106	PYLORIDÉS	Vénérupe lamelleuse	32	342	48
			57	239	
		= pétricole	32	343	
			57	237	
		Coralliophage carditoïde	32	343	
		Anatine trapézoïdale	32	347	
		Sphène de Birgham	32	344	
			50	203	
		Anatine subrostrée	32	347	
		Thracie corbuloïde			
107	*Idem*	Mye des sables	32	348	51
			34	3	
		Lutricole comprimée	32	349	
		= solénoïde	32	349	
		Psammocole vespertinale	32	349	
			43	482	

N.o d'ordre.	FAMILLES.	GENRES ET ESPÈCES.	RENVOI AU TEXTE. Tome.	Page.	N.o du cahier.
107	Pyloridés. (*Suite.*)	Solételline radiée........	32 49	350 439	51
		Sanguinolaire rugueuse...	32 47	350 277	
108	*Idem*..........	Psammobie vergetée......	32 43	350 477	26
		Psammotée violette.......	32 43	350 483	
		Corbule australe.........	10 32	397 344	
		Sanguinolaire soleil-couch.	32 47	350 276	
		Pandore rostrée..........	32 37	346 324	
		Amphidesme glabelle.....	S.	—	
109	*Idem*..........	Solémye australe........	32 49	352 422	29
		Solen gaîne.............	32 49	352 430	
		= coutelet...........	32 49	352 428	
		= rose..............	32 49	352 432	
		Gastrochène cunéiforme...	18 32	174 355	
		Pholade grande taille....	32 39	358 529	
		= crépue..........	32 39	359 531	
110	*Idem*..........	Solécurte gousse.........	32 49	351 419	51
		Panopée d'Aldrovande....	32 37	353 342	
		Glycimère épaisse........	19 32	100 353	
111	*Idem*..........	Saxicave australe........	32 47	354 548	51
		Byssomye pholladine.....	32	354	
		Rhomboïde rugueux......	32 45	355 414	
		Pholade striée...........	32 39	359 530	
		Taret bipalmulé.........	32 52	361 259	
112	Tubicoles.......	Clavagelle tibiale........	9 32	366 357	25

N.o d'ordre.	FAMILLES.	GENRES ET ESPÈCES.	RENVOI AU TEXTE. Tome.	Page.	N.o du cahier.
112	TUBICOLES. (*Suite.*)	Arrosoir de Java.........	3	144	25
			32	357	
		Fistulane massue.........	17	83	
			32	361	
		= corniforme.....	17	83	
			32	361	
		Térédine masquée........	32	360	
			53	168	
		Taret commun...........	32	360	
			52	267	
113	ASCIDIENS.......	Ascidie petit-monde......	3	192	48
			3 S.	45	
			32	364	
		= intestinale.......	3	192	
			3 S.	45	
			32	364	
		= en massue.......	3	192	
			3 S.	45	
			32	364	
		Distome variolé..........	13	365	
			32	366	
		Botrylle étoilé...........	5	243	
			22	104	
			32	367	
		Syncïque sublobé........	32	367	
			51	484	
		= simple.........	32	367	
			51	486	
114	SALPIENS........	Biphore polymorphe.....	32	369	47
			47	114	
		= fusiforme	32	369	
			47	117	
		= zonaire........	32	369	
			47	115	
			32	369	
		= firoloïde.........	47	94	
				108	
		= bicorne.........	32	369	
			47	120	
		Pyrosome géant..........	32	371	
			44	175	
115	LÉPADIENS.......	Gymnolèpe de Cuvier....	32	374	48
		= de Cranch ...	32	374	
		Pentalèpe lisse	32	374	
		Pollicipède groupé.......	32	374	
			42	314	
		Polylèpe vulgaire	32	375	

N.o d'ordre.	FAMILLES.	GENRES ET ESPÈCES.	RENVOI AU TEXTE. Tome.	RENVOI AU TEXTE. Page.	N.o du cahier.
115	LÉPADIENS. (*Suite.*)	Polylèpe couronné.......	32	375	48
		Litholèpe de Mont-Serrat.	32	375	
116	BALANIDES......	Balane épineux.........	3 32	408 376	47
		= géant...........	3 32	408 376	
		= des éponges......	3 32	412 376	
		= de Stroëm........	3 32	408 376 377	
		Conie radiée..........	10 32	275 378	
		Creusie spinuleuse.......	32	378	
		= rayonnante......	32	378	
		Chthalame étoile........	32	379	
117	*Idem*..........	Coronule douze lobes.....	10 32	498 379	48
		= des tortues.....	10 32	498 380	
		= rayonnée.......	10 32	498 38	
		= diadème.......	10 32	499 380	
		= tubicinelle.....	10 32	498 380	
118	POLYPLAXIPHORES.	Oscabrion écailleux.......	32 36	382 538	47
		= marbré........	32 36	382 539	
		= brun..........	32 36	382 543	
		= fasciculaire.....	32 36	382 551	
		= lisse..........	32 36	382 550	
		= larviforme......	32 36	382 519	

FIN DE LA TABLE DE CONCHYLIOLOGIE ET DE MALACOLOGIE.

TABLE

ALPHABÉTIQUE DES PLANCHES DE CONCHYLIOLOGIE ET DE MALACOLOGIE.

(Le chiffre marque l'ordre de la planche.)

I.

J.

L.

M.

N.

R.

S.

ZOOLOGIE.

CONCHYLIOLOGIE. *PRINCIPES.* Univalves *spirées.*

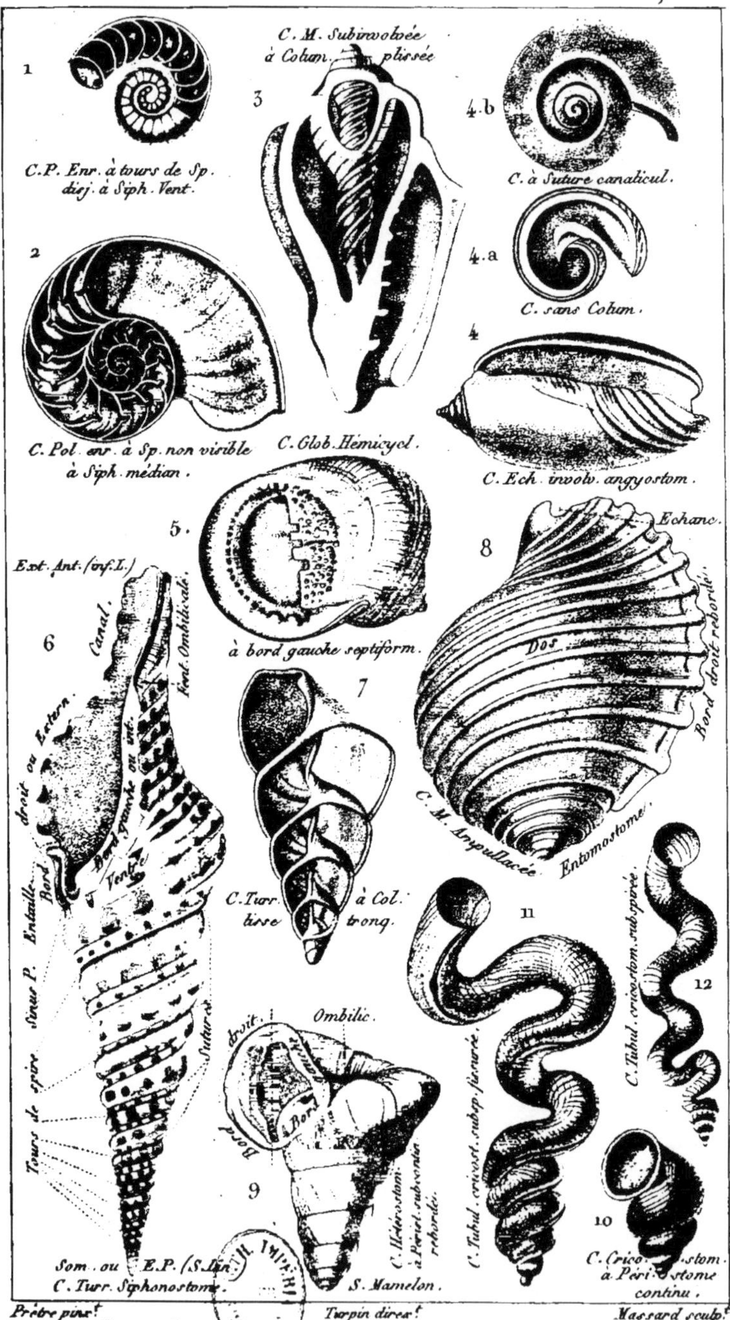

Prêtre pinx.t Turpin direx.t Massard sculp.t

C. = Coquille. M. = Monothalame. P. = Polythalame. Sp. = Spire. Som. = Sommet. Col. = Columelle. Siph. = Siphon. Enr. = Enroulée. Disj. = Disjoint. Turr. = Turriculée. Ech. = Echancrée.

1. *SPIRULE* australe. *(Coupe.)*
2. *ARGONAUTE* flambé. *(Coupe.)*
3. *VOLUTE* musique. *(Coupe.)*
4. *OLIVE* litterée. 4a. 4b. *Id.*
5. *NERITE* saignante.
6. *PLEUROTOME* tour de Babel.
7. *AGATHINE* zèbre. *(Coupe.)*
8. *TONNE* cannelée. *(en dessus.)*
9. *MAILLOT* de Lyonnet.
10. *CYCLOSTOME* élégant.
11. *SILIQUAIRE* anguine.
12. *VERMET* d'Adanson.

ZOOLOGIE.

CONCHYLIOLOGIE. *PRINCIPES.* Univalves *non spirées.*

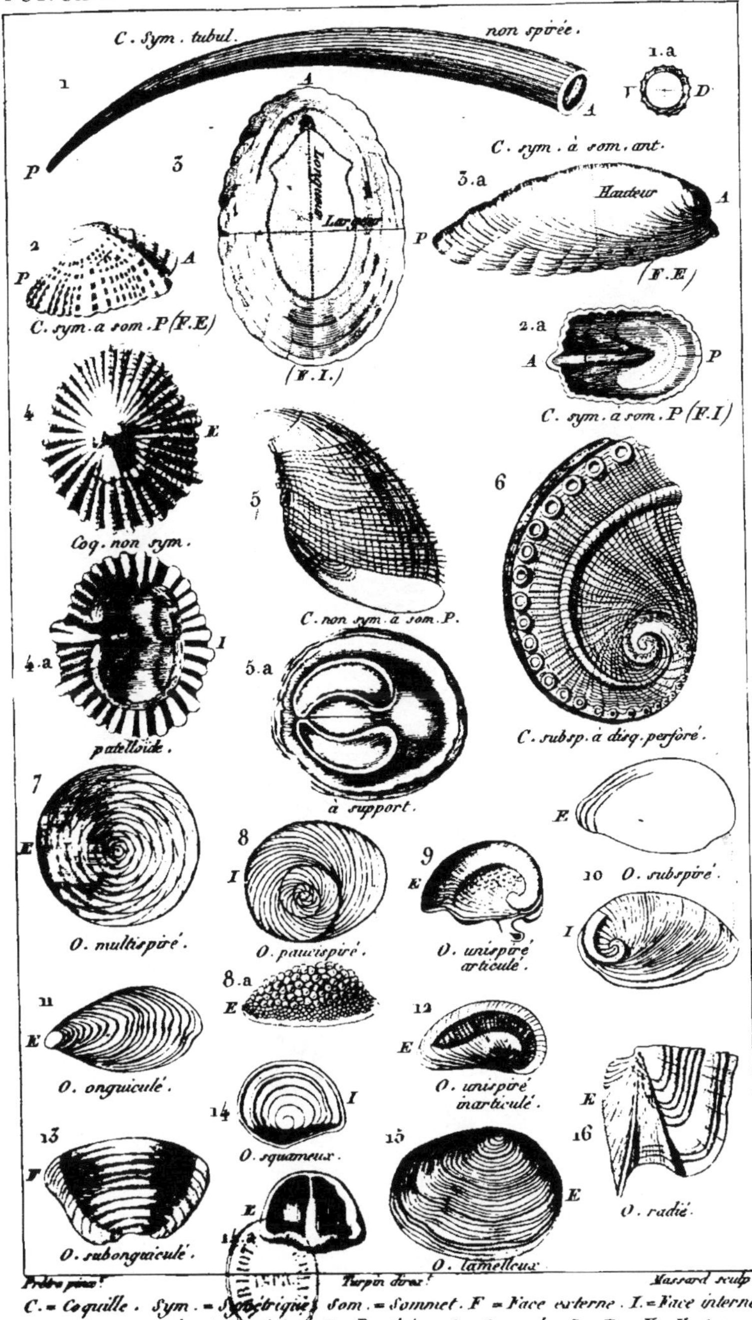

Prêtre pinx. *Turpin direx.* *Massard sculp.*

C. = Coquille. Sym. = Symétrique. Som. = Sommet. F = Face externe. I. = Face interne.
Sp. = Spire ou spirée. A. = Antérieur. P. = Postérieur. O. = Opercule. D. = Dos. V. = Ventre.

1. DENTALE cannelée.
2. SUBFISURELLE.
3. PATELLE cymbulaire.
4. SIPHONAIRE radiée.
5. HIPPONICE *et son support.*
6. HALIOTIDE vulgaire.
7. *Op. de* TOUPIE.
8. *O. de* TURBO.
9. *O. de* NÉRITE.
10. *O. de* PHASIANELLE.
11. *O. de* ROCHER.
12. *Op. de* NATICE.
13. *O. de* POURPRE
14. *O. d'* HÉLICINE.
15. *O. de* BUCCIN.
16. *O. de* NAVICELLE.

ZOOLOGIE.

CONCHYLIOLOGIE. *PRINCIPES.* Bivalves.

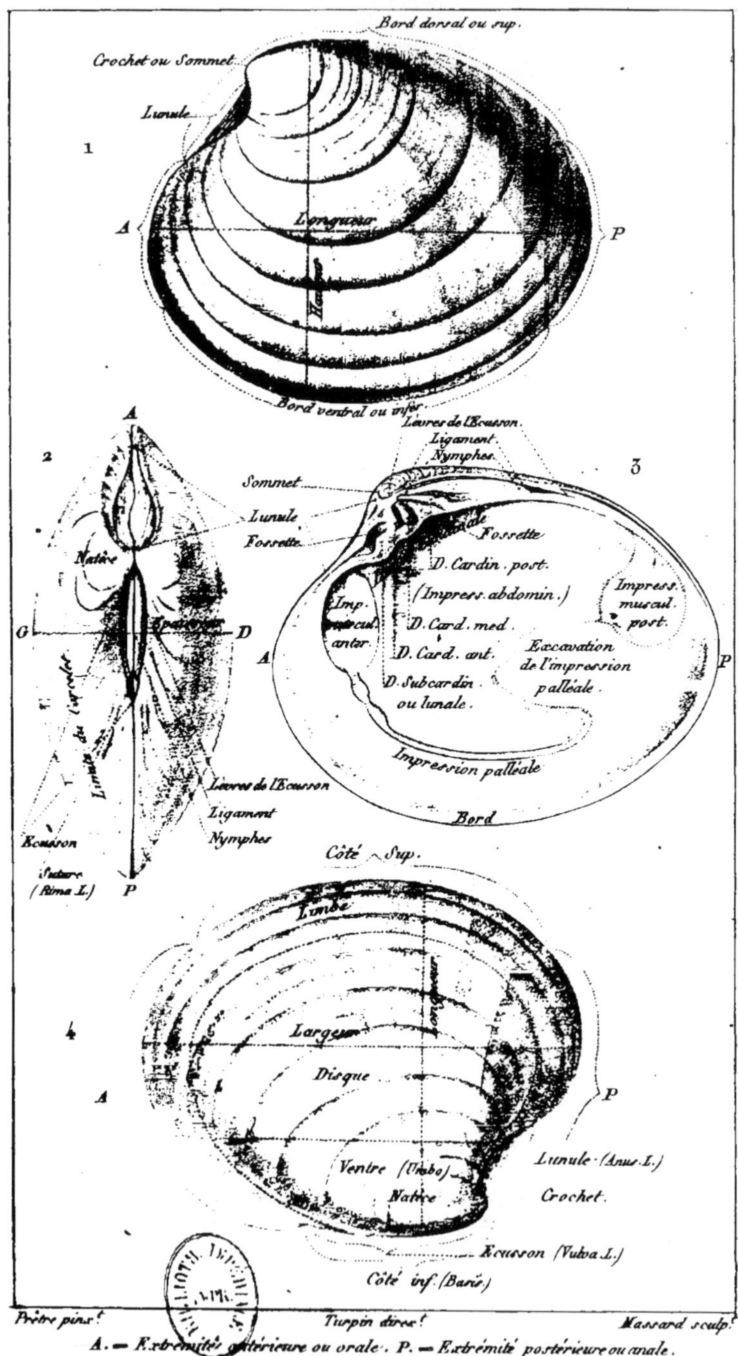

Prêtre pinx.t Turpin direx.t Massard sculp.t

A. — Extrémité antérieure ou orale. P. — Extrémité postérieure ou anale.
D. — Valve droite. G. — Valve gauche.

1. CYTHERÉE fauve (Vénus chione Lin.) Vue à gauche et dans la position normale.
2. La même vue par le dos dans la position normale.
3. La même vue en dedans de la V. D. (position normale.)
4. La même (V. G.) Vue extérieurement (position artificielle de Linné et de M.r de Lamarck.)

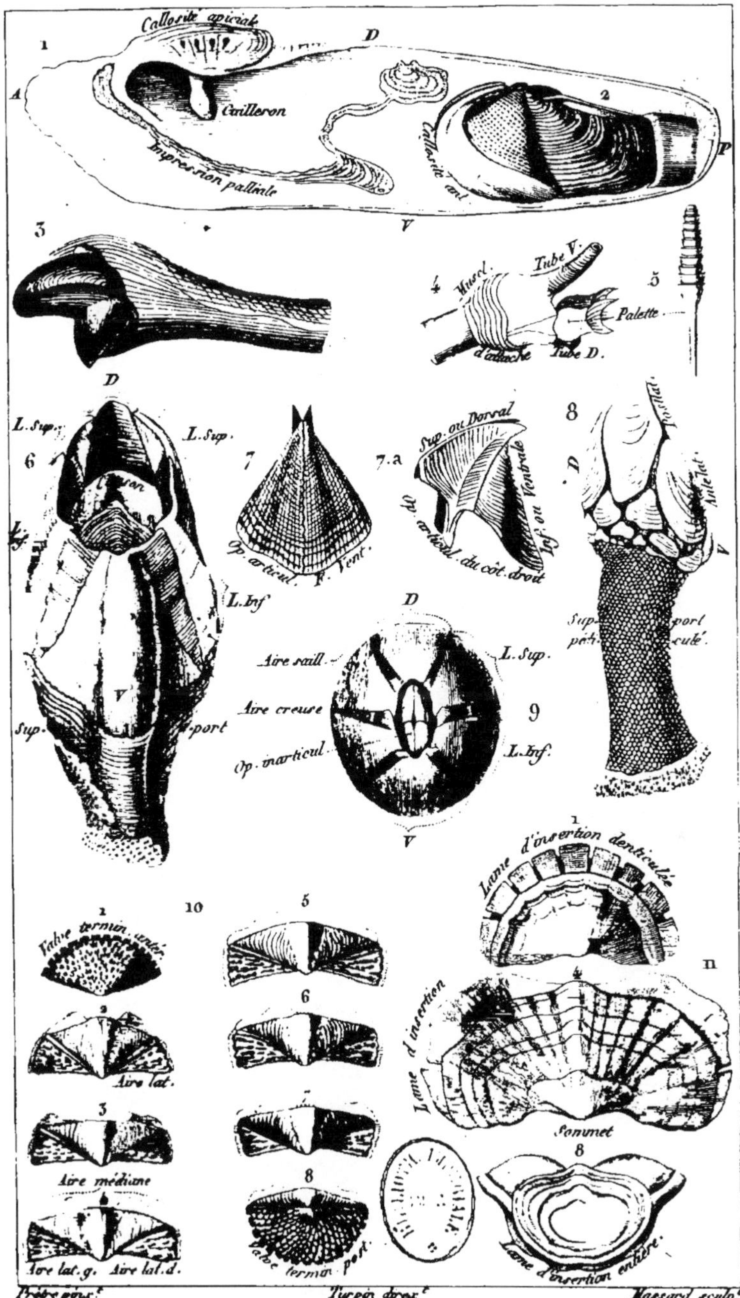

Prêtre pour.t Turpin direx.t Massard sculp.t

A. = Extrémité antérieure ou orale. P. = Extrémité postérieure ou anale. D. = Dos ou valv. dorsale.
V. = Ventre ou valve ventrale. L. Sup. = Valve latérosupère. L. Inf. = Valve latéralinfère.
Antelat. = Valve antélatérale ou latérinfère. Postlat. = Valve postlatérale ou latérosupère.

1. Valve dr. de la PHOLADE dactyle vue à la face int.
2. PHOLADIDOIDE des Anglais. à gauche
3. TARET noir. avec une partie de l'anim.
4. Extrém. post. du TARET naval.
5. Palette articulée d'un Taret. (n. esp.)
6. BALANE tulipe
7. Opercule du BALANE squameux.
8. POLYLEPE vulgaire. (à gauche)
9. CORONULE diadème. (en dessus)
10. Valves de L'OSCABRION squameux.
11. 3. Valves de L'OSCABRION raripileux.

ZOOLOGIE.

MALACOLOGIE. Cryptodibranches.

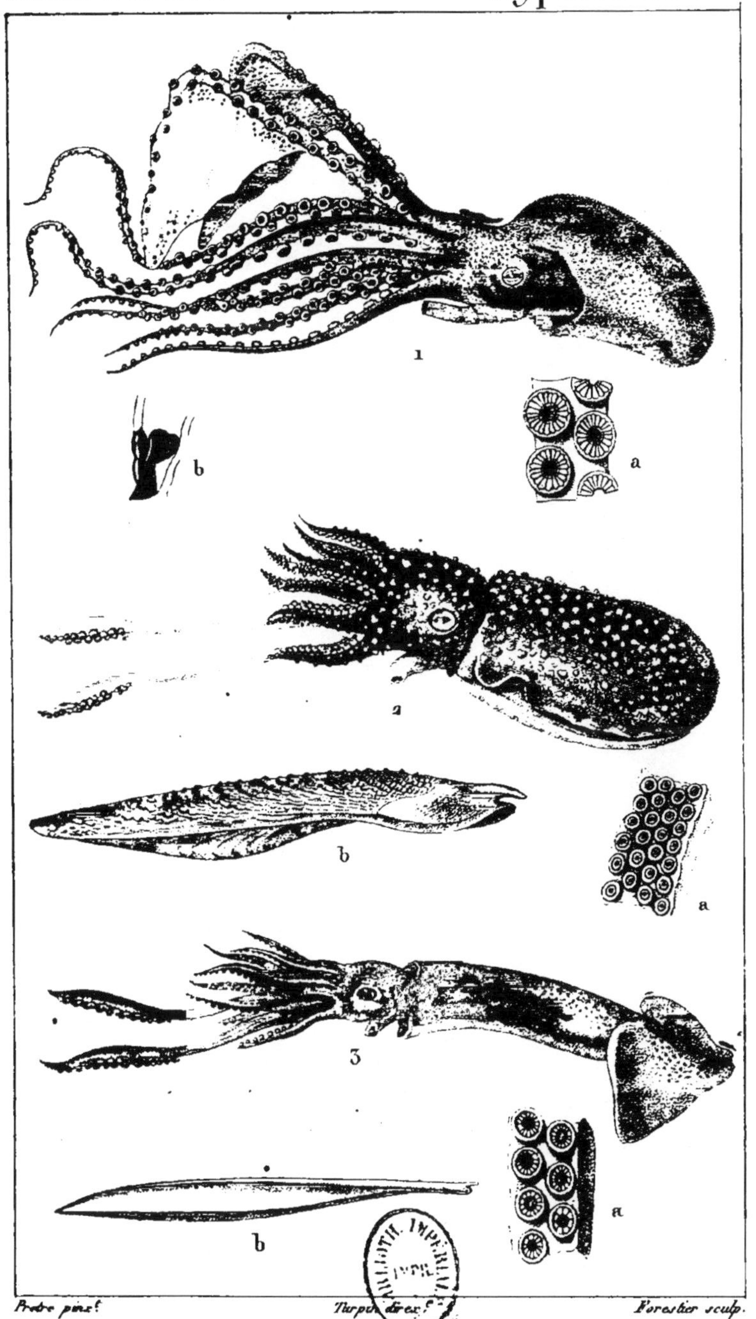

1. **POULPE** habitant de la coquille de *l'ARGONAUTE*. a. *Ventouses*. b. *Bec*.

2. **SÈCHE** tuberculeuse. a. *Ventouses de l'extrémité des longs tentacules*. b. *Os dorsal*.

3. **CALMAR** sagitté. a. *Ventouses*. b. *Os dorsal*.

ZOOLOGIE.

MALACOLOGIE. Cryptodibranches.

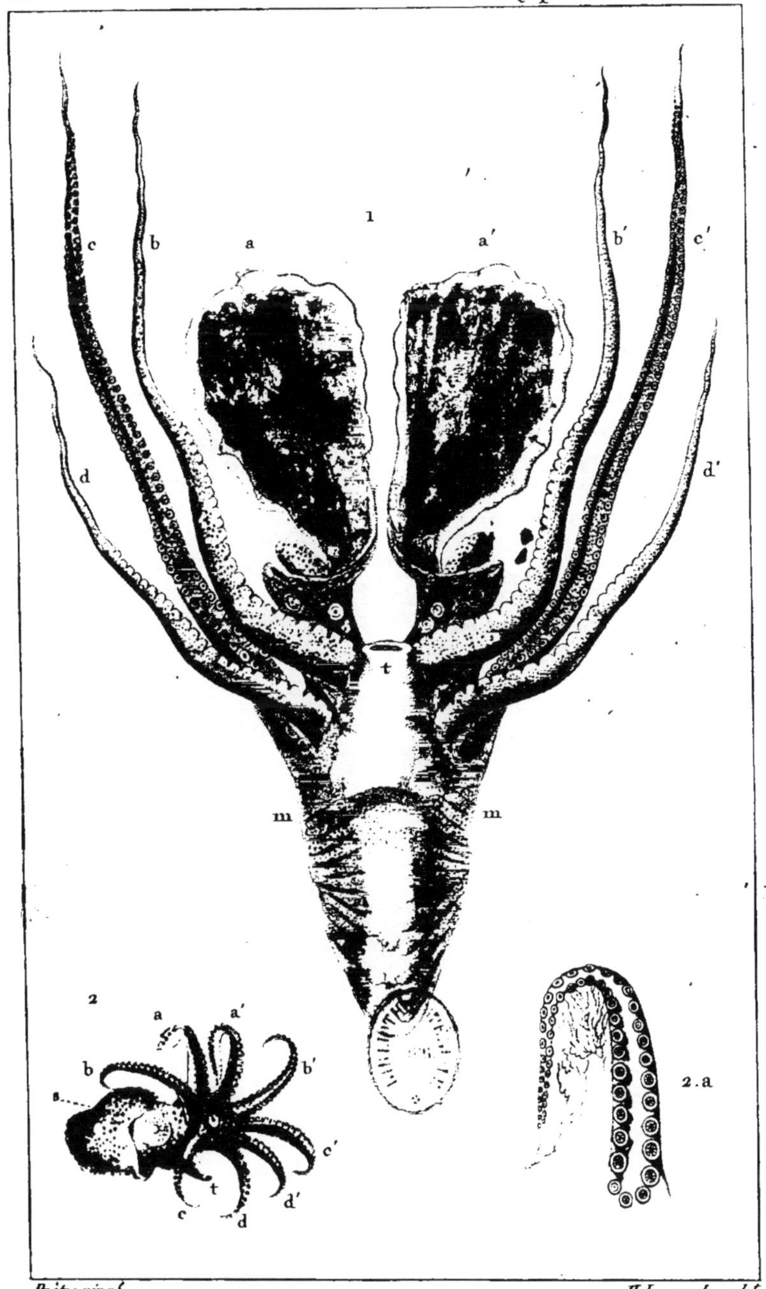

Prêtre pinx.t *H. Legrand sculp.t*

1. POULPE nav. des Anciens. *Vu en dessous. (grand. nat.)*

2. ———— de Cranch. *du côté droit. (grand. nat.)*

2.a. *Un des tentacules super. grossi.*

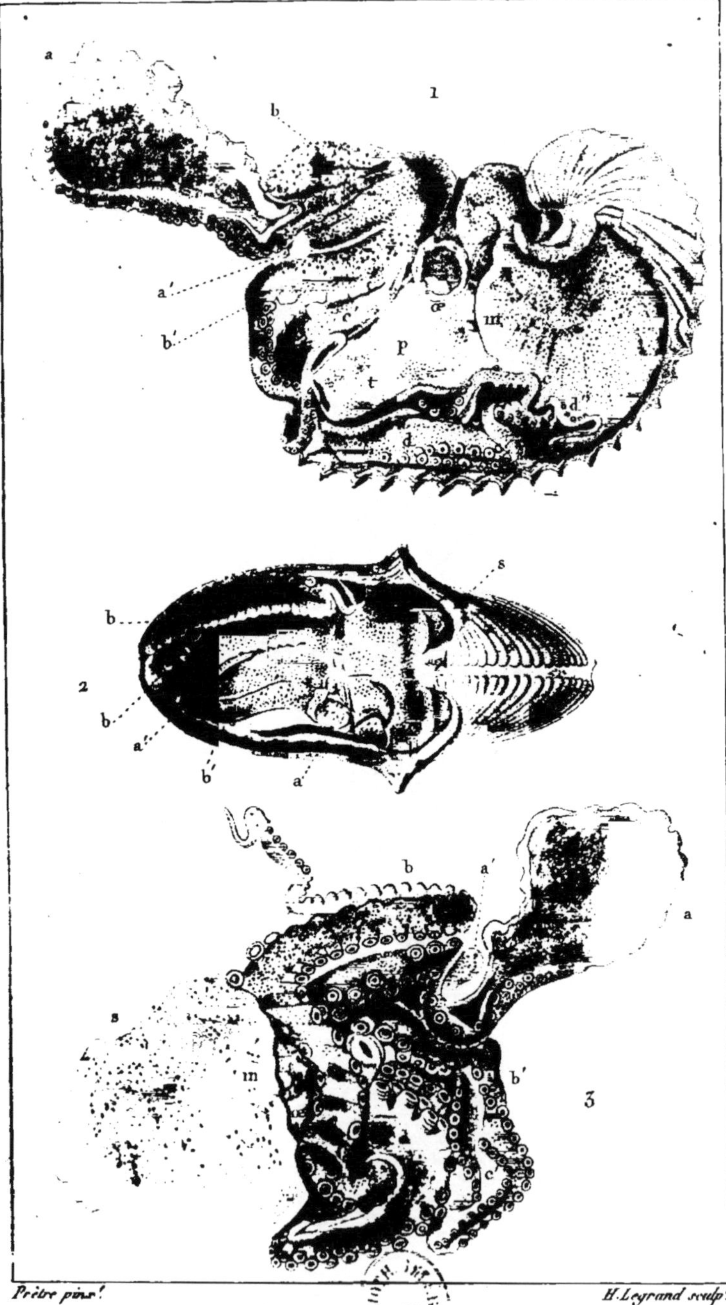

Prêtre pinx. *H. Legrand sculp.*

POULPE navigateur des Anciens. *(grand. nat.)*

1°. Dans la coquille dont on a brisé le côté gauche pour montrer la position irrégulière de l'Animal. 2°. Dans la coquille entière vue en dessus pour montrer que le corps de l'Animal n'est pas dans l'axe de la coquille, la position du tentacule palmé droit à gauche. 3°. Hors de la coquille et à droite pour faire voir que les sillons de celle-ci sont aussi bien marqués sur les tentacules que sur le manteau et ne sont que des impressions.

ZOOLOGIE.

MALACOZOAIRES. Cryptodibranches.

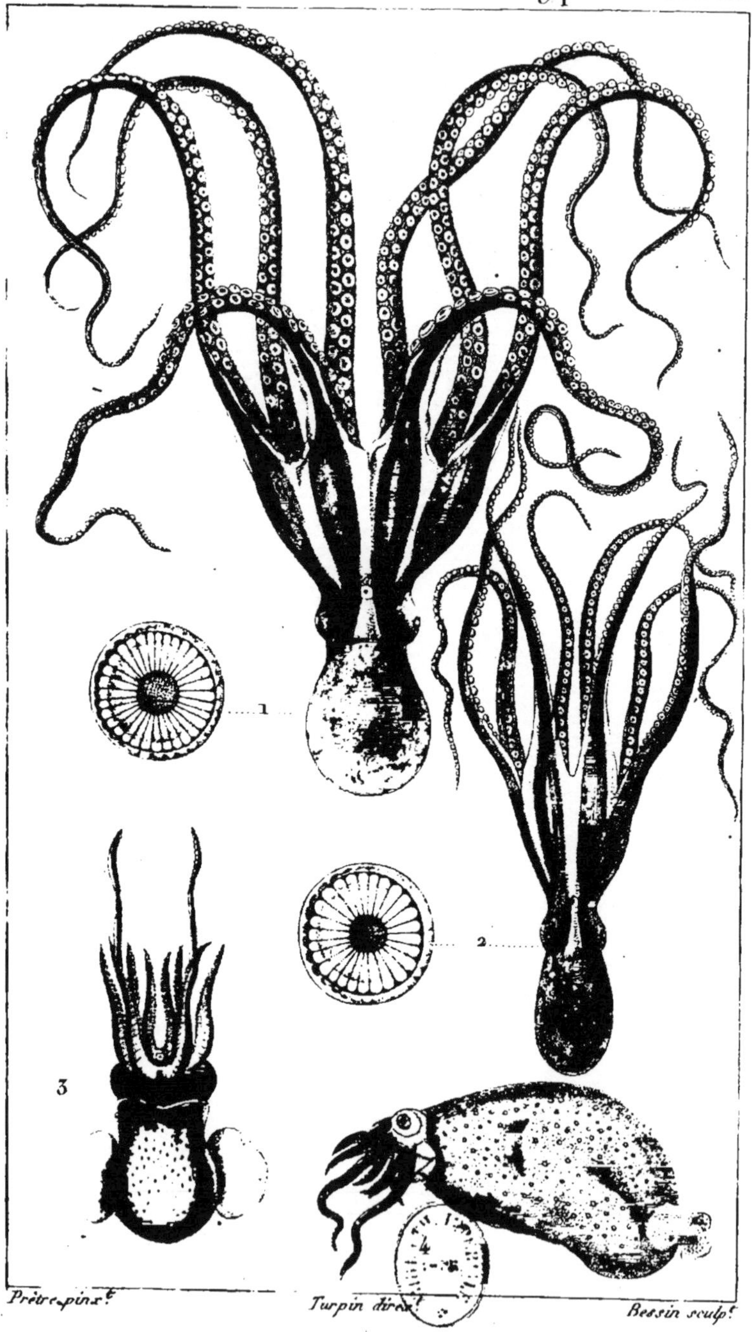

Prêtre pinx.t *Turpin direx.t* *Bessin sculp.t*

1. POULPE commun.
2. ——— musqué.
3. CALMAR sépiole.
4. ——— de Cranch.

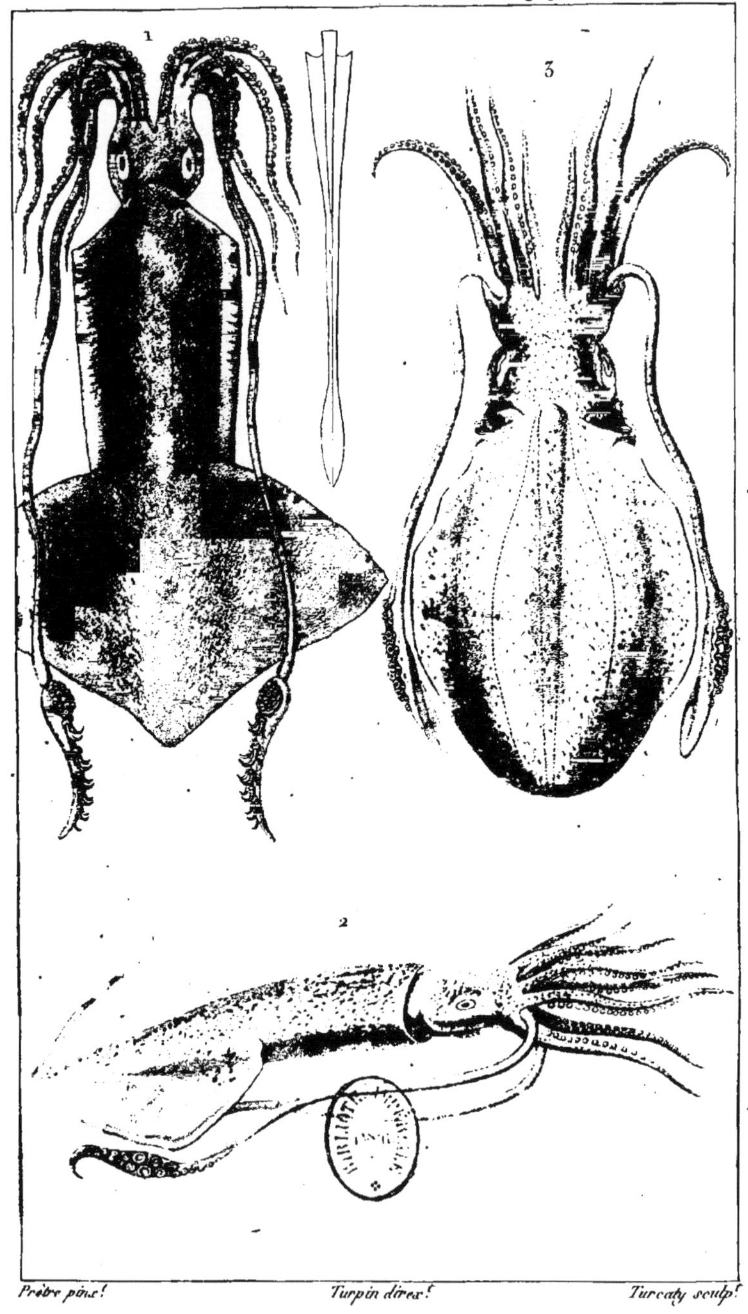

Prêtre pinx.t *Turpin direx.t* *Turcaty sculp.t*

1. CALMAR de Banks. 1. a. *Sa pièce dorsale.*

2. ——— commun.

3. ——— Sèche *avec sa pièce dorsale pointillée.*

ZOOLOGIE.

CONCHYLIOLOGIE. *Fossiles.* Cryptodibranches. &ª.

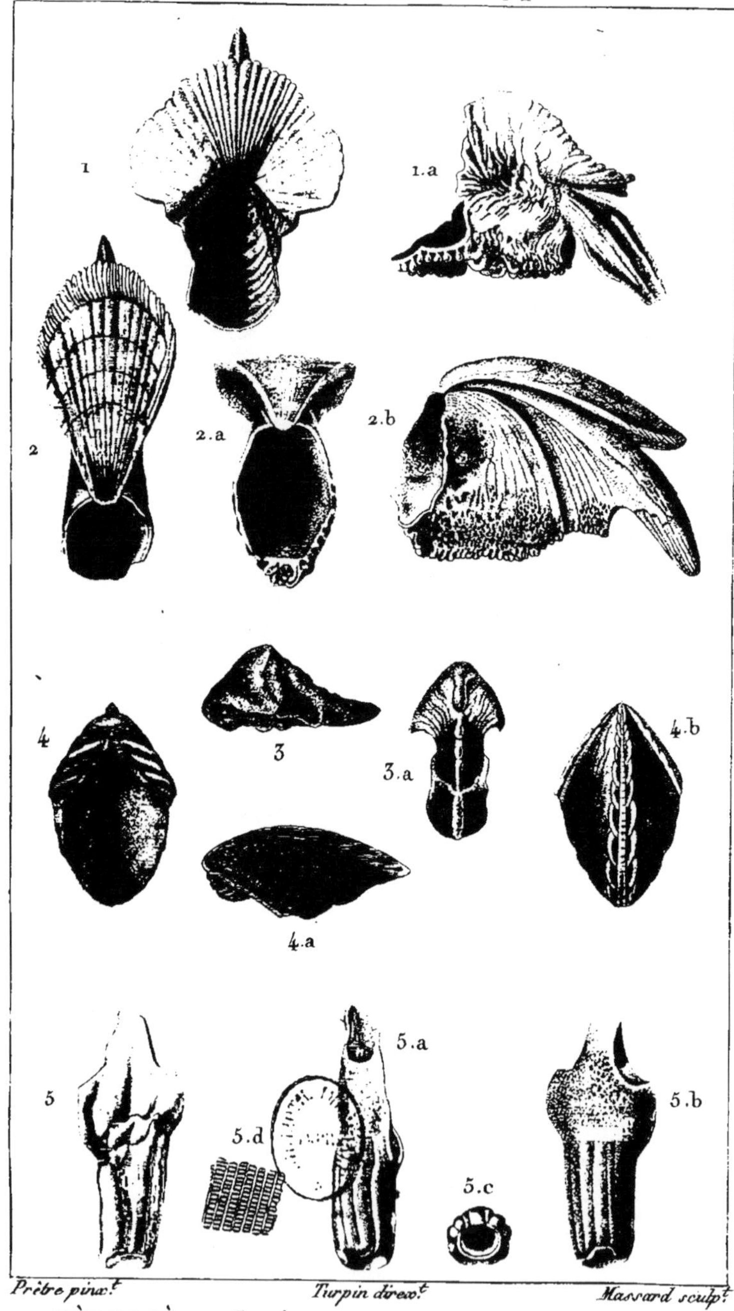

Prêtre pinx.t *Turpin direx.t* *Massard sculp.t*

1.1.a. BÉLOPTÈRE Cuvier. *en dessous et de profil.*

2.2.a.2.b. B......... Defrance. *vu en dessous, en avant et de profil.*

3.3.a. RHYNCHOLITHE lisse. *de profil et en dessous.*

4.4.a.4.b. CONCHORHYNQUE orné. *en dessous, de profil et en dess*

5.5.a.5.b.5.c.5.d. *Corps inconnu.*

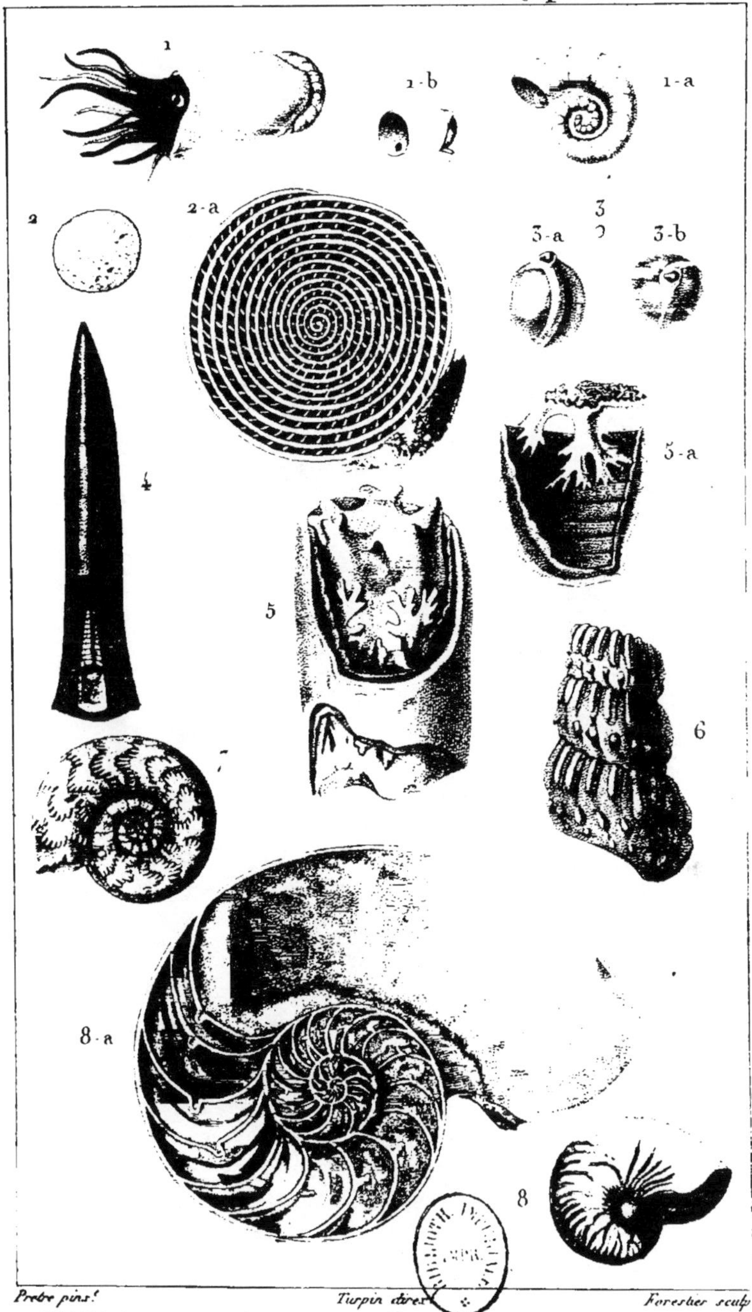

Prêtre pins. *Turpin direx.* *Forestier sculp.*

1. **SPIRULE** australe. 1-a. *Coquille vue à part.* 1-b. *Partie de la coquille pour montrer les cloisons et le syphon.*

2. **NUMMULITE** lenticulaire. 2-a. *la même fendue pour montrer sa structure*

3. **MILIOLITE** cœur de serpent *(Grand. nat.)* a et b. *la même grossie*

4. **BELEMNITE** des couches à corne d'ammon. 5. **BACCULITE** gigantesque. 5-a. *Partie de la bacculite.* 6. **TURRILITE** comprimée

7. **SIMPLEGADE** colubrie. 8. **NAUTILE** flambé, *réd.* ... *coupé* ...

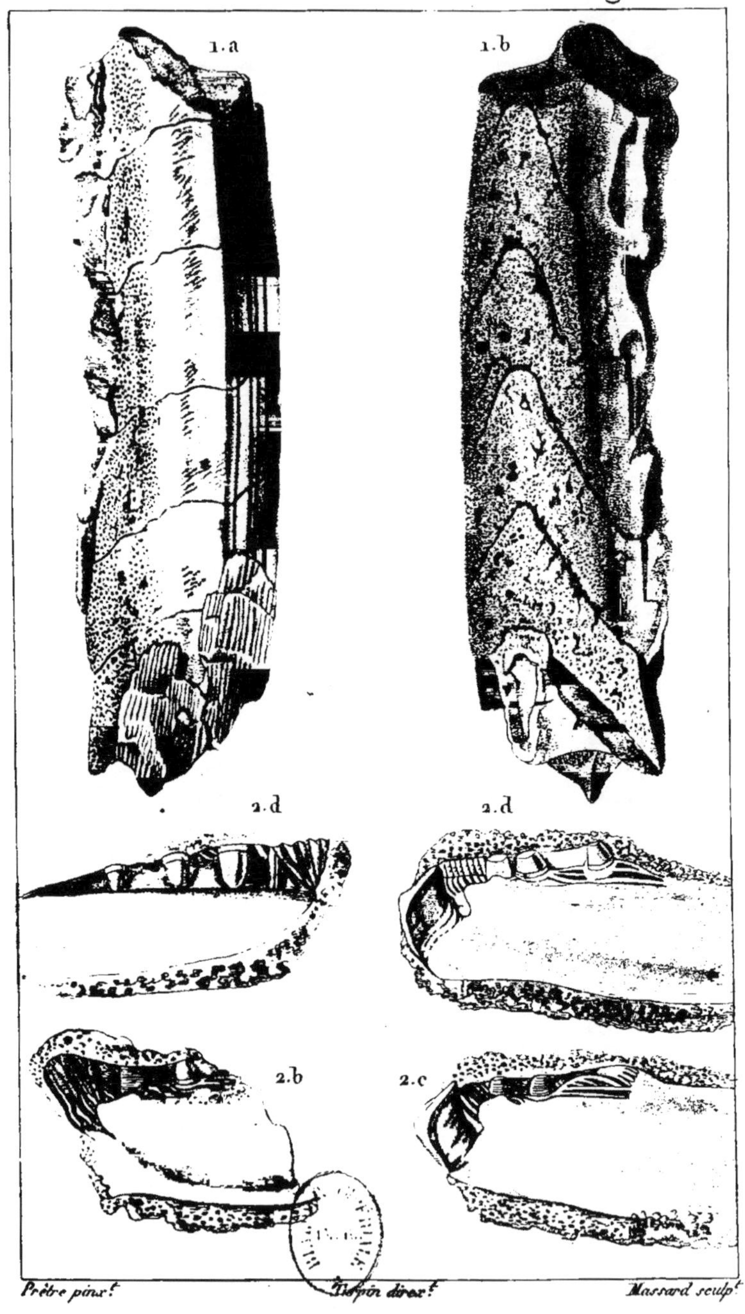

Prêtre pinx.t *Turpin direx.t* *Massard sculp.t*

1.a. ICHTYOSARCOLITE triangulaire *(Desm.) Portion d'un moule*

1.b. *Id. vu de l'autre côté.* 2.a.b.c.d. GERVILLIE solénoïde *(Def.)*

Moules intérieurs, grossis du double, représentant des différences dans la charnière.

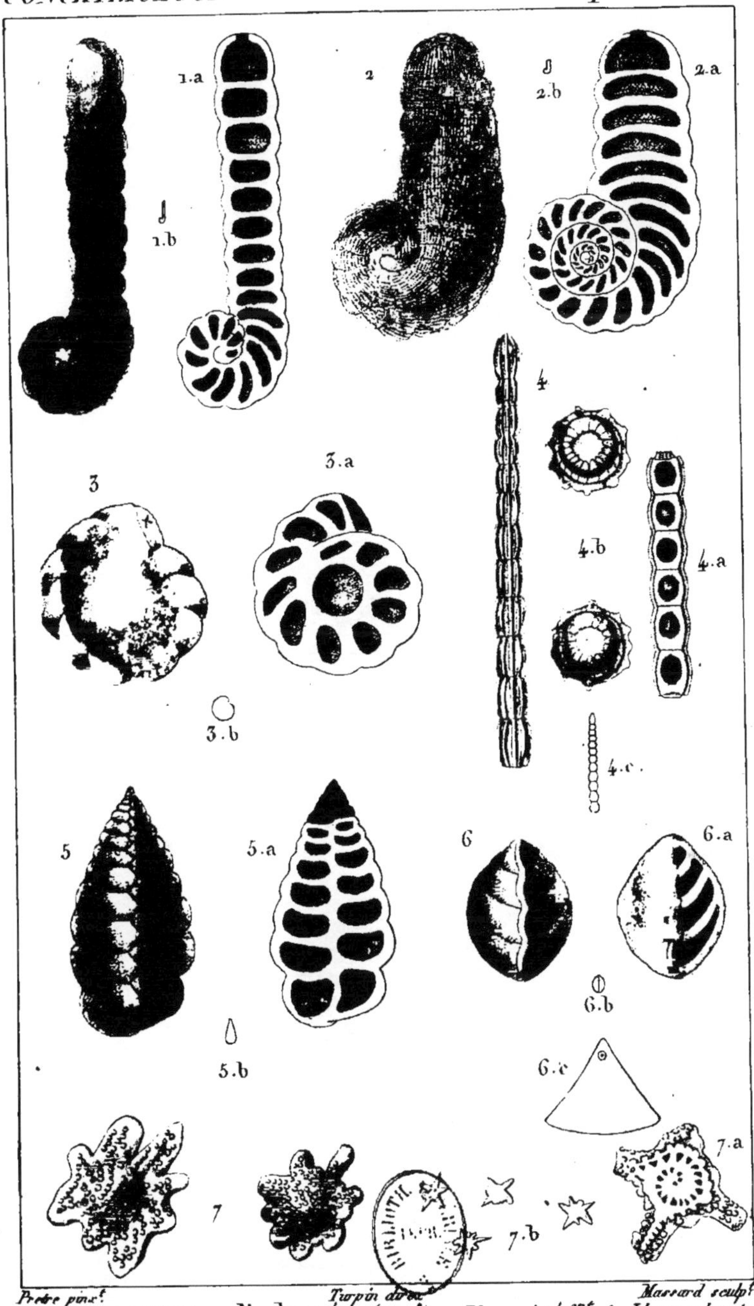

Pretre pinx.t Turpin direx. Massard sculp.t

1. SPIROLINITE cylindracée. (Lam.) 1.a Id. vue intér.ent 1.b Id. grand. nat.
2. SPIROLINITE aplatie. (Lam.) 2.a Id. vue intérieurem.t 2.b Id. grand. nat.
3. DISCORBITE vésiculaire. (Lam.) 3.a Id. vue intér.ent 3.b Id. grand. nat.
4. NODOSAIRE baguette. (Def.) 4.a Id. vue int.t 4.b Id. vue par les bouts. 4.c Id. gr. nat.
5. TEXTULAIRE sagittule (Def.) 5.a Id. vue intér.ent 5.b. Id. grand. nat.
6. SARACÉNAIRE d'Italie. (Def.) 6.a Id. vue int.t 6.b Id. grand. nat. 6.c Id. vue transv.t
7. SIDÉROLITE calcitrapoïde. (Lam.) 7.a Id. vue int.t 7.b Id. g.r n.le et forme de div.s individus.

ZOOLOGIE.

MALACOLOGIE. *Fossiles.* Nummulacées.

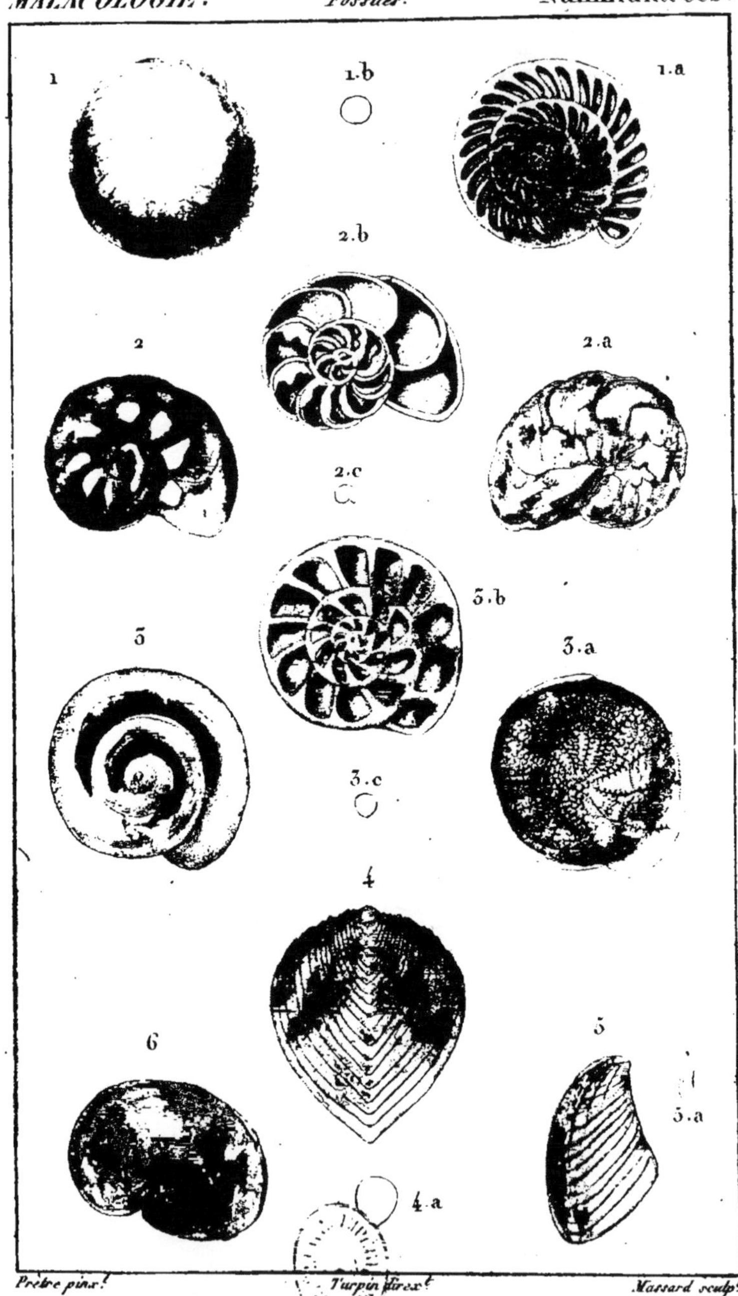

Prêtre pinx.t *Turpin direx.t* *Massard sculp.t*

1.LENTICULITE planulée. *(Lam.)* 1.a. *Id. vue intérieurem.t* 1.b. *Grand. nat.*
2.DISCORBITE vésiculaire. *(Lam.)* 2.a. *Id. vu de l'autre face.* 2.b. *Id. vu int.t* 2.c. *Gr. nat.*
3.ROTALITE trochidiforme. *(Lam.)* 3.a. *Id. vue de l'autre face.* 3.b. *Id. vue int.t* 3.c. *Gr. nat.*
4.FRONDICULAIRE aplatie. *(Def.)* 4.a. *Id. Grand. nat.*
5.PLANULAIRE oreille. *(Def.)* 5.a. *Id. Grand. nat.*
6.PLANOSPIRITE solitaire. *(Def.)*

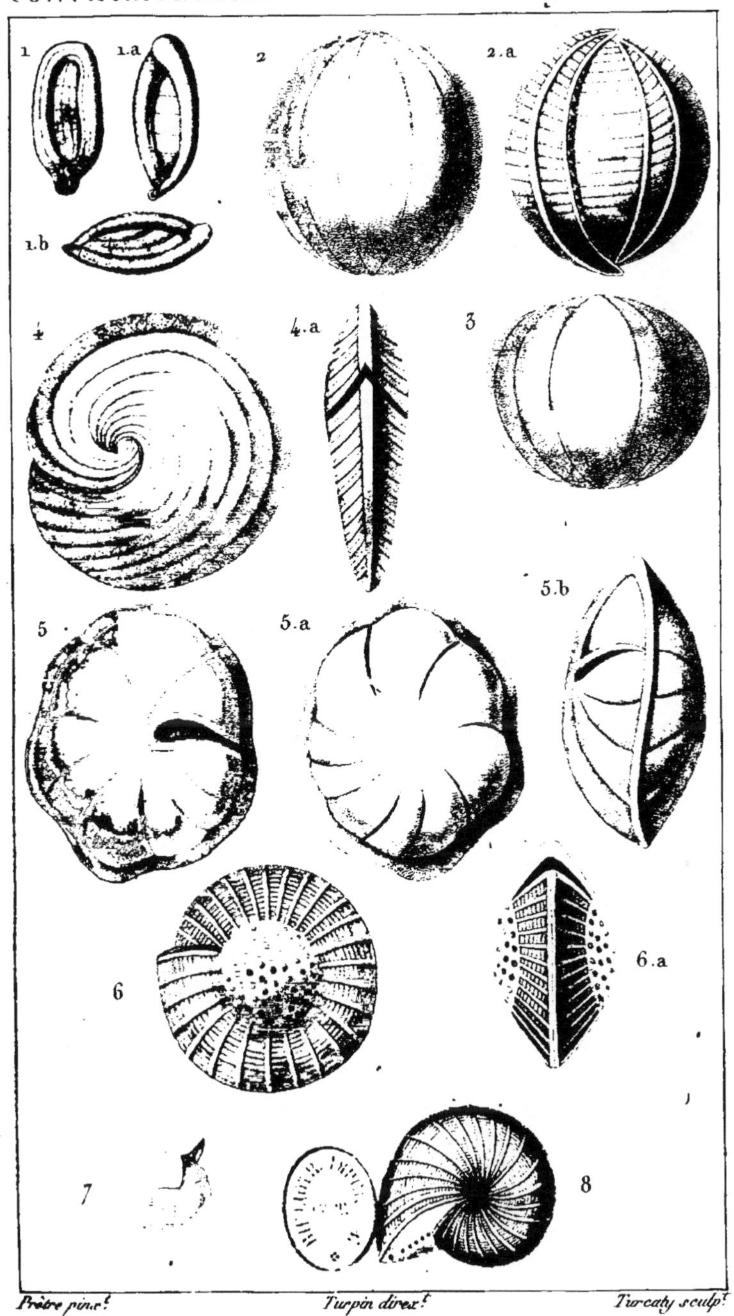

Prêtre pinx.t *Turpin direx.t* *Turcaty sculp.t*

1.1.a.1.b MILIOLE des pierres.
2.2.a. MELONIE sphérique.
3. ——— sphéroïde.
4.4.a. ORBICULINE Numismale.
5.5.a.5.b. PLACENTULE pulvinée.
6.6.a. VORTICIALE craticulée.
7. LENTICULINE rotulée.
8. POLYSTOMELLE planulée.

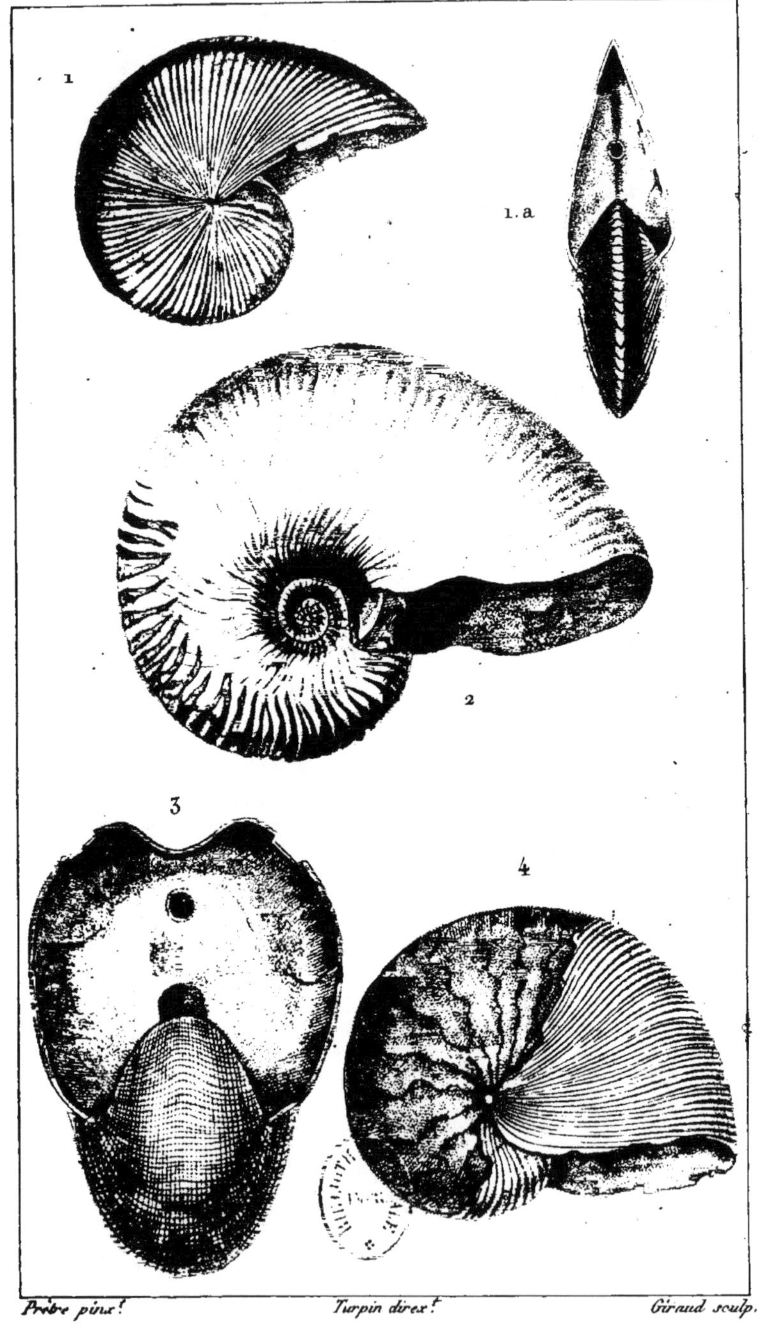

Prêtre pinx.t *Turpin direx.t* *Giraud sculp.*

1. NAUTILE triangulaire. | 3. NAUTILE à 2 siphons.
2. ——— ombiliqué. | 4. ORBULITE épaisse.

ZOOLOGIE.

CONCHYLIOLOGIE. *Fossiles.* Ammonées.

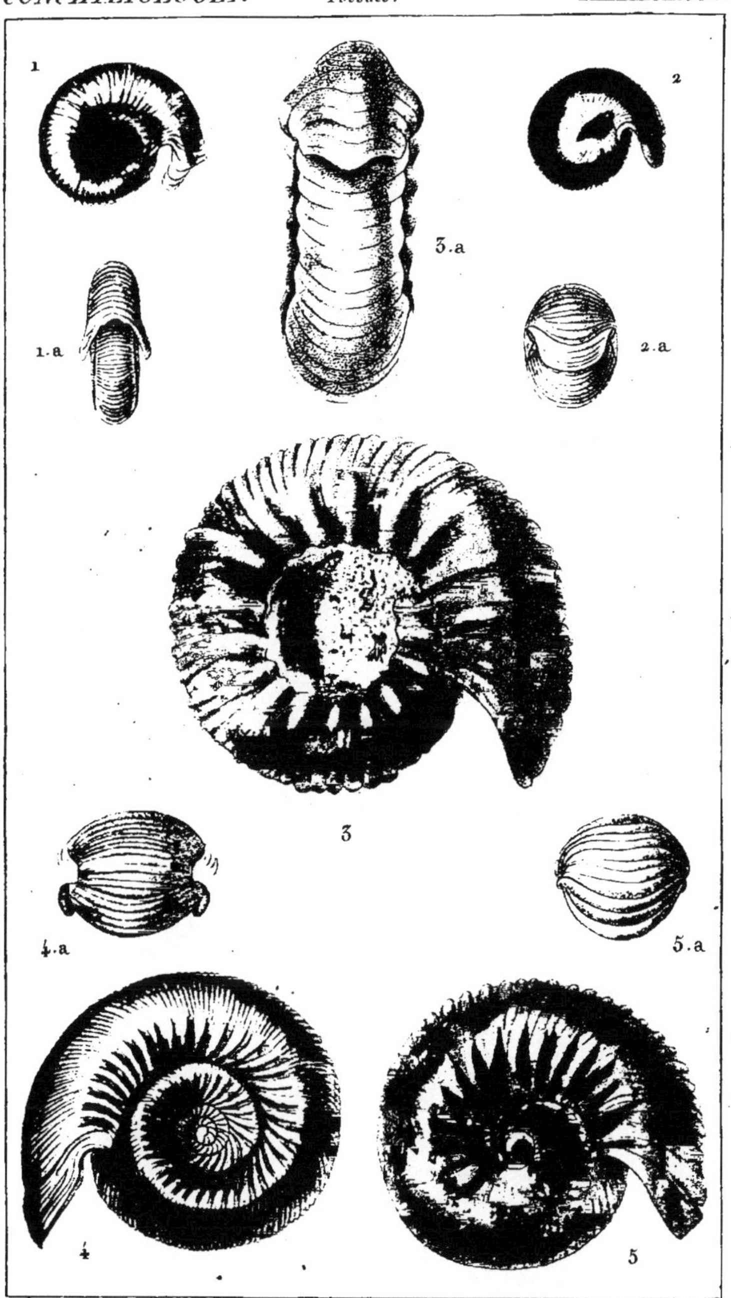

Prêtre pinx.t *Turpin direx.t* *Massard sculp.t*

1. AMMONITE interrompue. *(Def.) Jeune individu? 1.a. Id. vue de face.*
2. ——— de Brongniart. *(Sow.) 2.a. Id. vue de face.*
3. ——— épaisse. *(Def.) 1/4 de grandeur. 3.a. Idem vue de face.*
4. ——— de Deslonchamps. *(Def.) 4.a. Le bourrelet de son ouverture vue de face*
5. ——— de Gerville. *(Sow.) 5.a. Idem vue de face.*

ZOOLOGIE.

CONCHYLIOLOGIE. *Fossiles.* Ammonées.

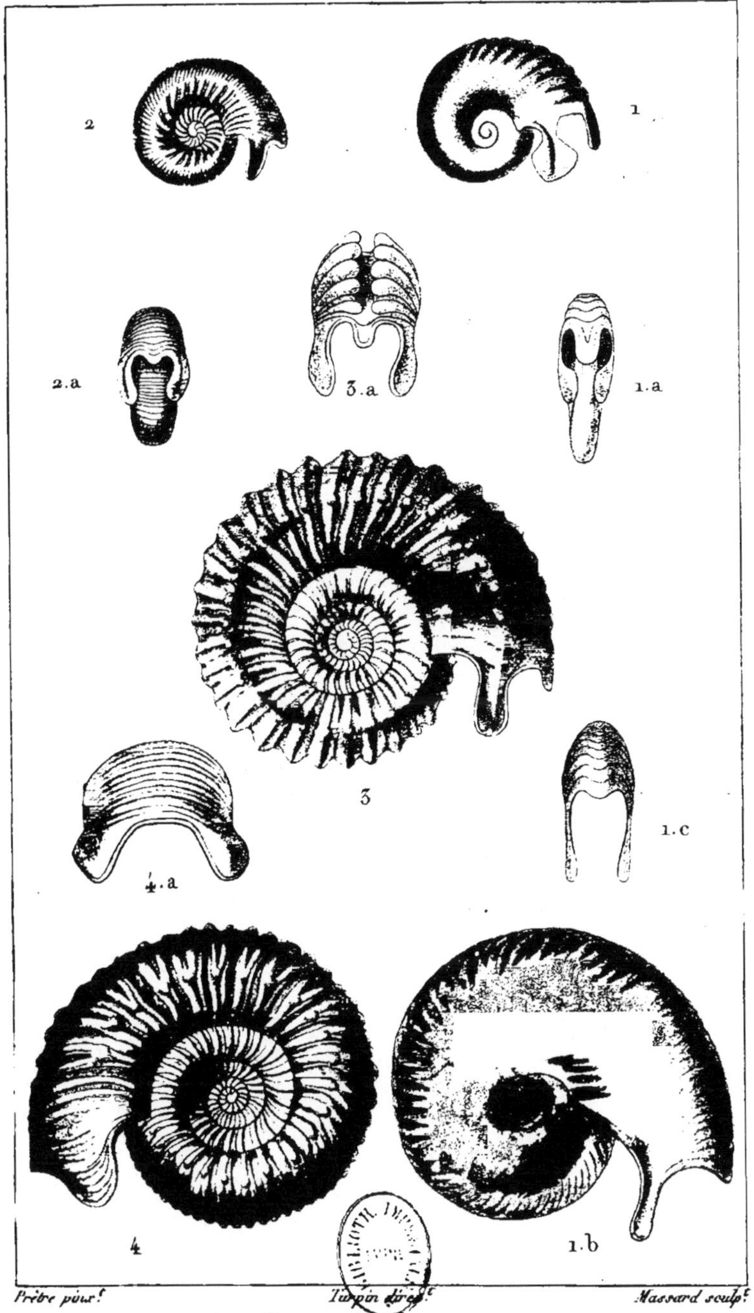

Prêtre pinx.t *Turpin direx.t* *Massard sculp.t*

1. AMMONITE de Caen. *(Def.) Jeune individu ?*

1.a *Idem vue de face.* 1.b. *Idem plus agée.* 1.c. *Idem vue de face.*

2. AMMONITE de Deslonchamps. *(Def.) Jeune individu ?* 2.a. *Id. vue de face.*

3. ———— de Bayeux. *(Def.)* 3.a. *Idem vue de face.*

4. ———— de Braikenridge. *(Sow.)* 4.a. *Idem vue de face.*

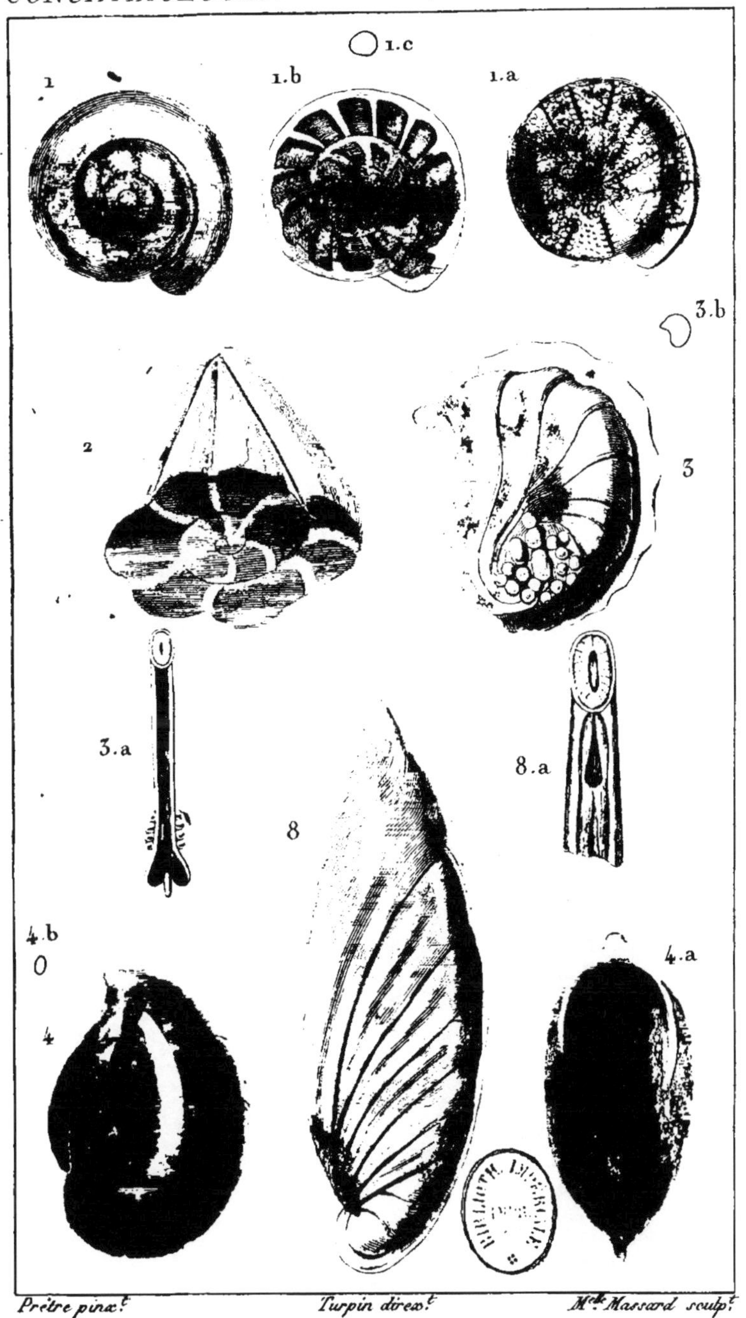

Prêtre pinx.t *Turpin direx.t* *M.lle Massard sculp.t*

1. **ROTALITE** trochidiforme *en dessus*. 1.a *Id. en dessous*. 1.b. *Idem fendue*. 1.c. *Id. grand. nat.* 2. **CIBICIDE** glacé. 3. **LINTHURIE** casque *grossi*. 3.a *Id. montrant l'ouverture*. 3.b. *Id. grand. nat.* 4. **ORÉADE** auriculaire *grossi*. 4.a *Id. vu de face*. 4.b *Id. de grand. nat.* 8. **CRÉPIDULINE** Astacole *grossie*. 8 a. *Partie de son ouverture*.

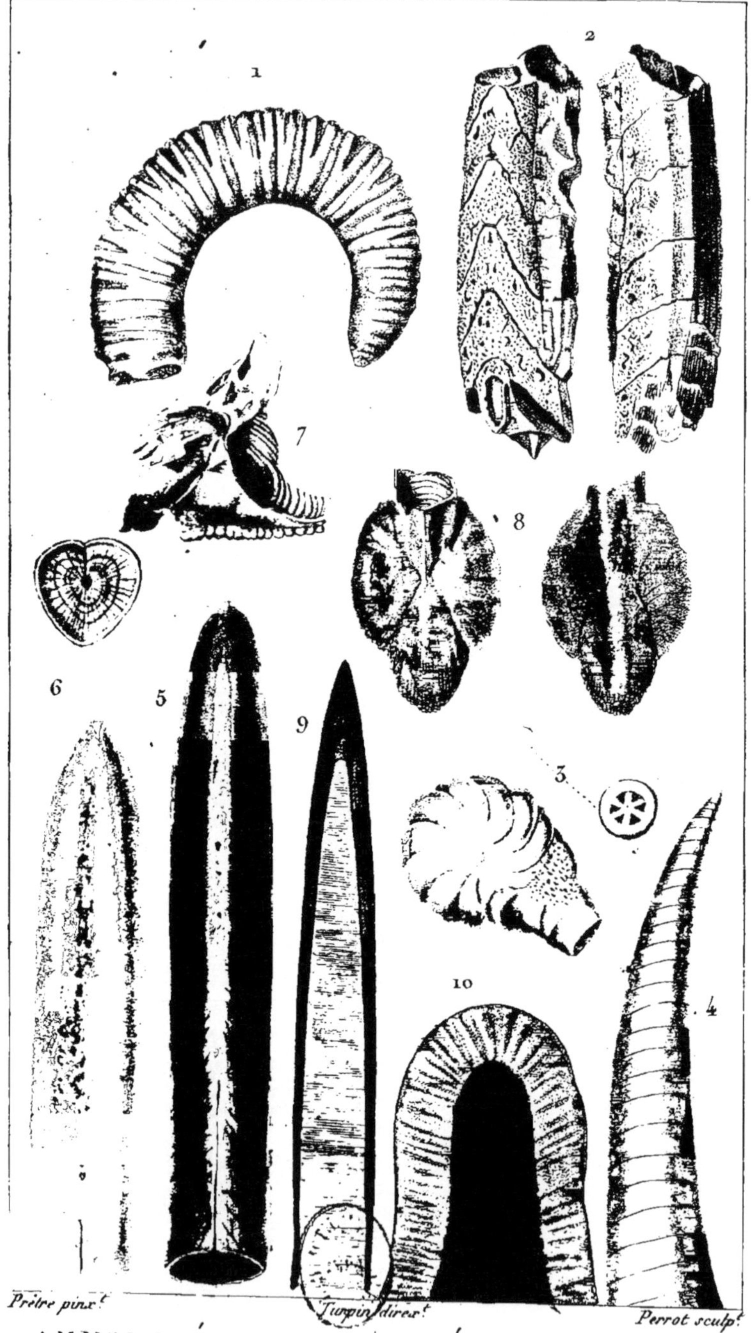

Prêtre pinx.t Turpin direx.t Perrot sculp.t

1. AMMONOCÉRATITE.
2. ICHTHYOSARCOLITE.
3. LITUOLE nautiloïde.
4. CONILITE onguliforme.
5. BÉLEMNITE mucronée.
6. BÉLEMNITE de Scanie.
7. BÉLOPTÈRE sépioïde.
8. ———— bélemnoïde.
9. BÉLEMNITE fistuleuse.
10. ———— obtuse.

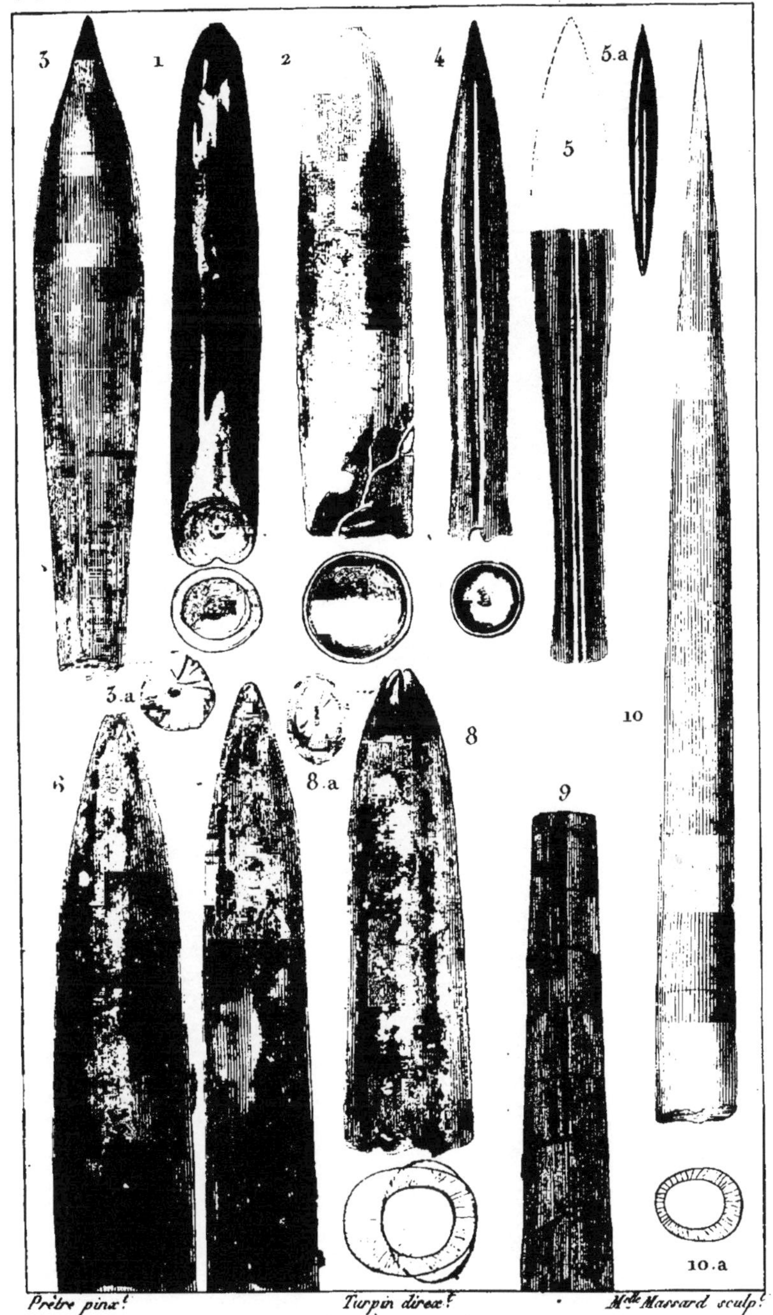

Prêtre pinx.t *Turpin direx.t* *M.lle Massard sculp.t*

1. BÉLEMNITE d'Osterfield.	6. BÉLEMNITE bicanaliculée.
2. ———— granulée.	7. ———— gigantesque.
3. ———— pleine. a. *Sa base*	8. ———— pénicillée. a. *Son sommet.*
4. ———— aigue.	9. ORTHOCÈRE réguliée.
5. ———— hastée. a. *Id. jeune.*	10. BÉLEMNITE Epée.

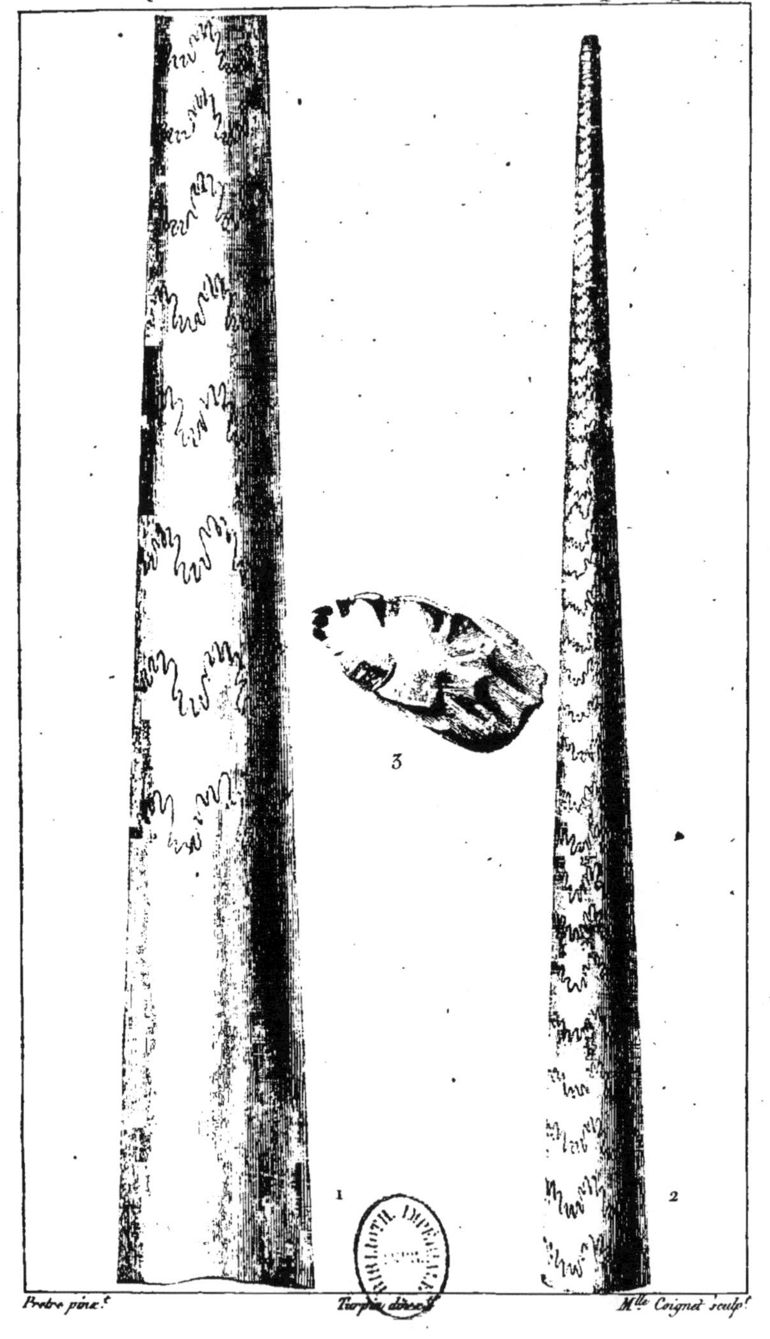

Pretre pinx. Turpin direx. Mlle Coignet sculp.

1 et 2. *BACULITE* vertébrale *fossile*.

3. *Portion détachée vue en dessus*.

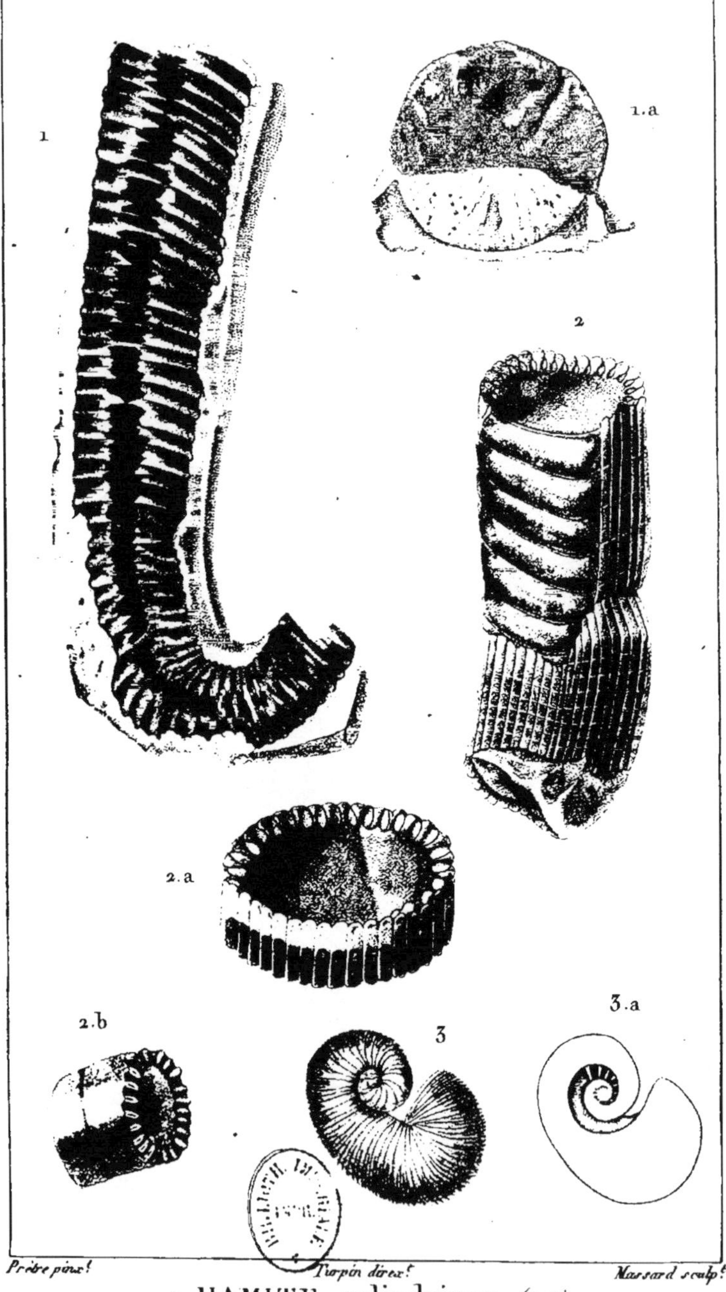

Prêtre pinx.t Turpin direx.t Massard sculp.t

1. HAMITE cylindrique. *(Def.)*

1.a. *La même vue par un bout.*

2. AMPLEXUS coralloïdes. *(Sow.)*

2a et 2b. *Portions détachées de la même coquille.*

3. SCAPHITES æqualis. *(Sow.)*

3.a. *La même fendue pour montrer sa structure.*

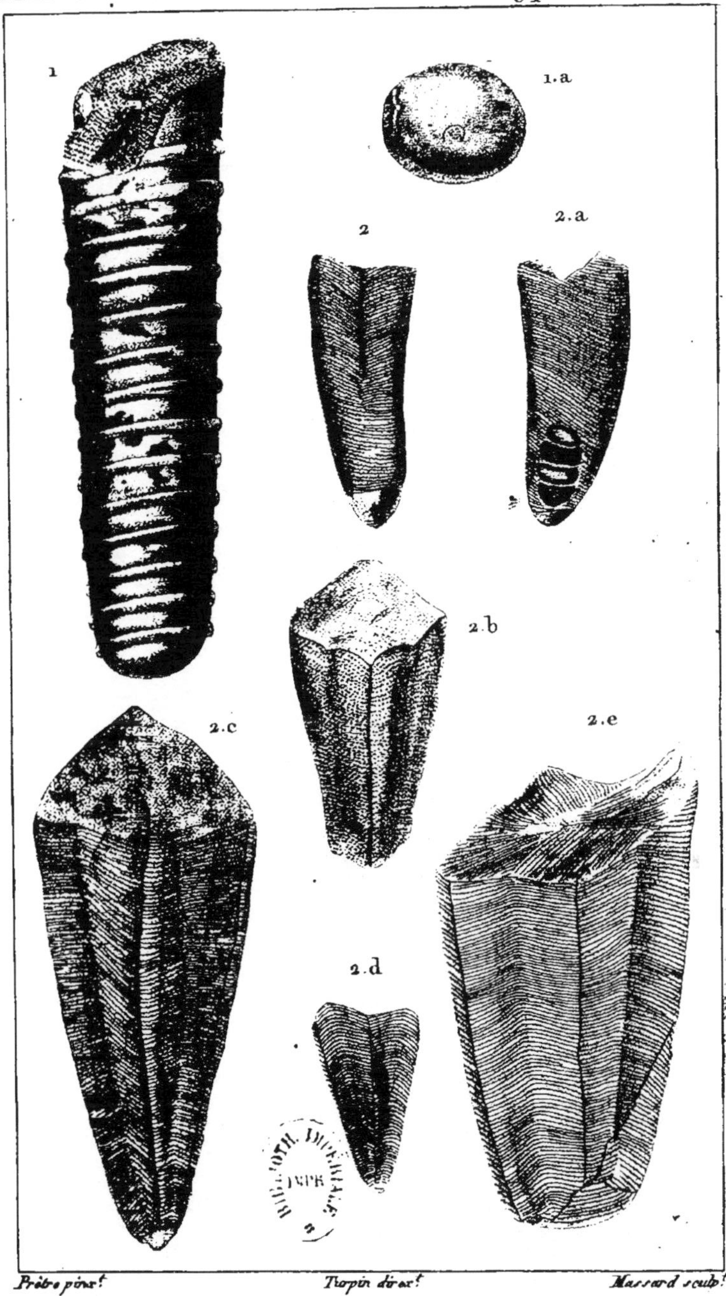

Prêtre pinx.t Turpin direx.t Massard sculp.t

1. ORTHOCÈRE annelée.

1.a. *La même vue par le bout.*

2. CONULAIRE de Sowerby.

Fig. 2a, 2b, 2c, 2d *et* 2e *Différentes portions de la même espèce.*

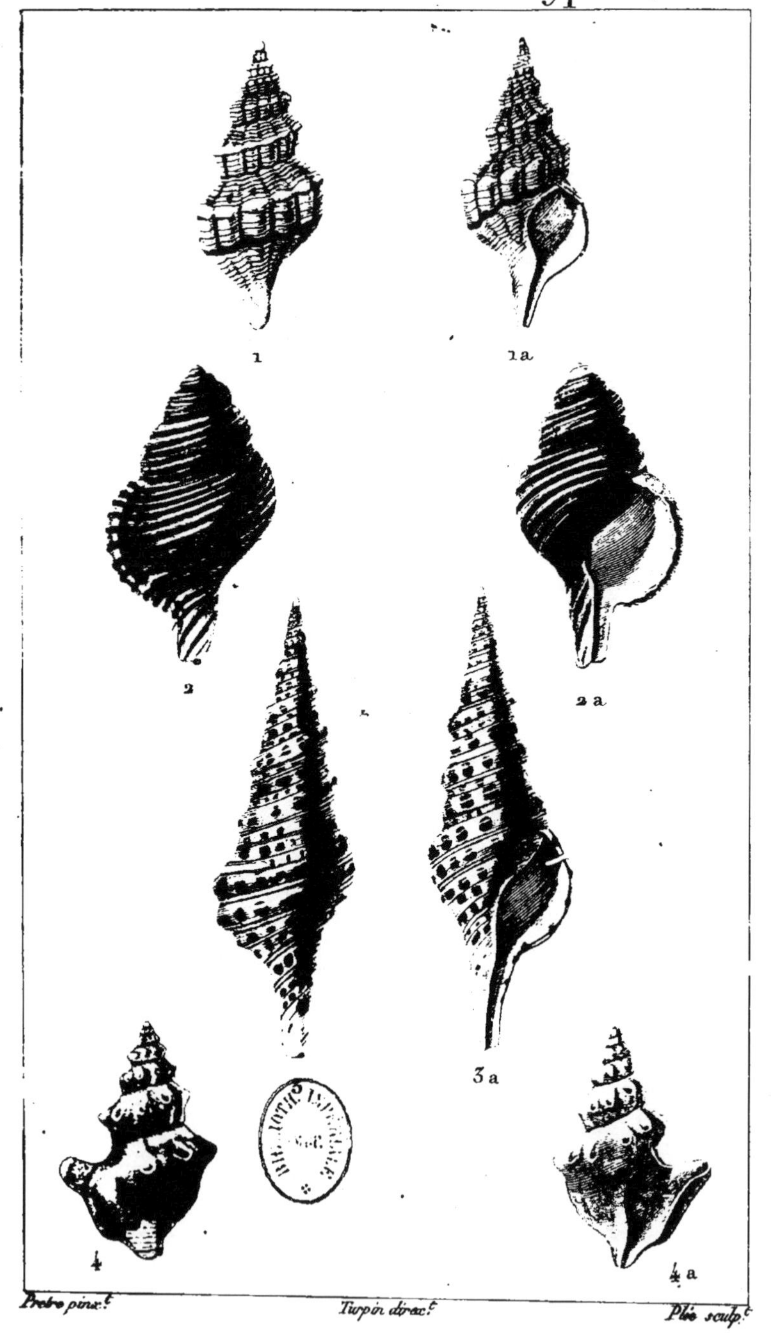

Prêtre pinx.t *Turpin direx.t* *Plée sculp.t*

1 et 1a. FUSEAU rubané

2 et 2a. TRITON clandestin.

3 et 3a. PLEUROTOME babylonien.

4 et 4a. CLAVATULE auriculifère.

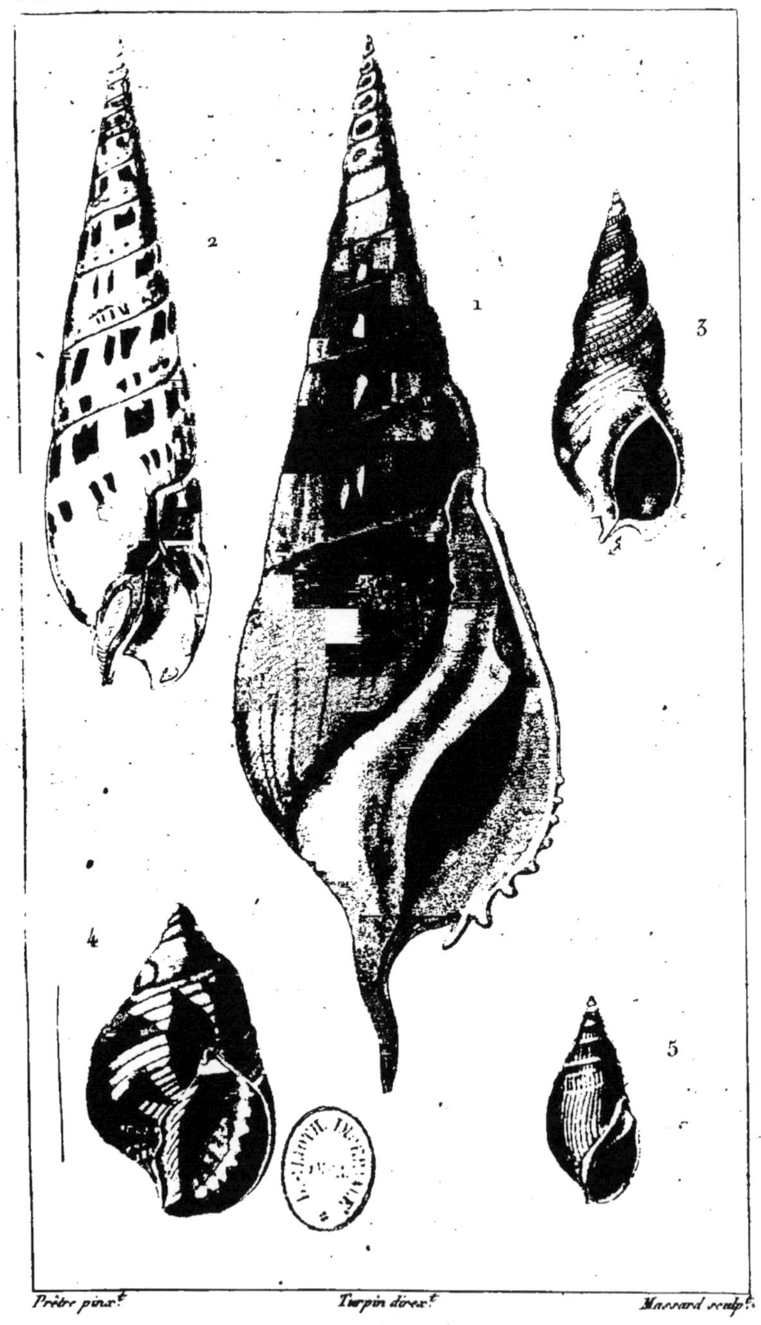

Prêtre pinx.t *Turpin direx.t* *Massard sculp.t*

1. ROSTELLAIRE bécarquée | 3. VIS buccin.
2. ALÈNE tachetée. | 4. PLANAXE sillonné.
5. MELANOPSIDE buccinoïde.

ZOOLOGIE.

CONCHYLIOLOGIE. Syphonostomes.

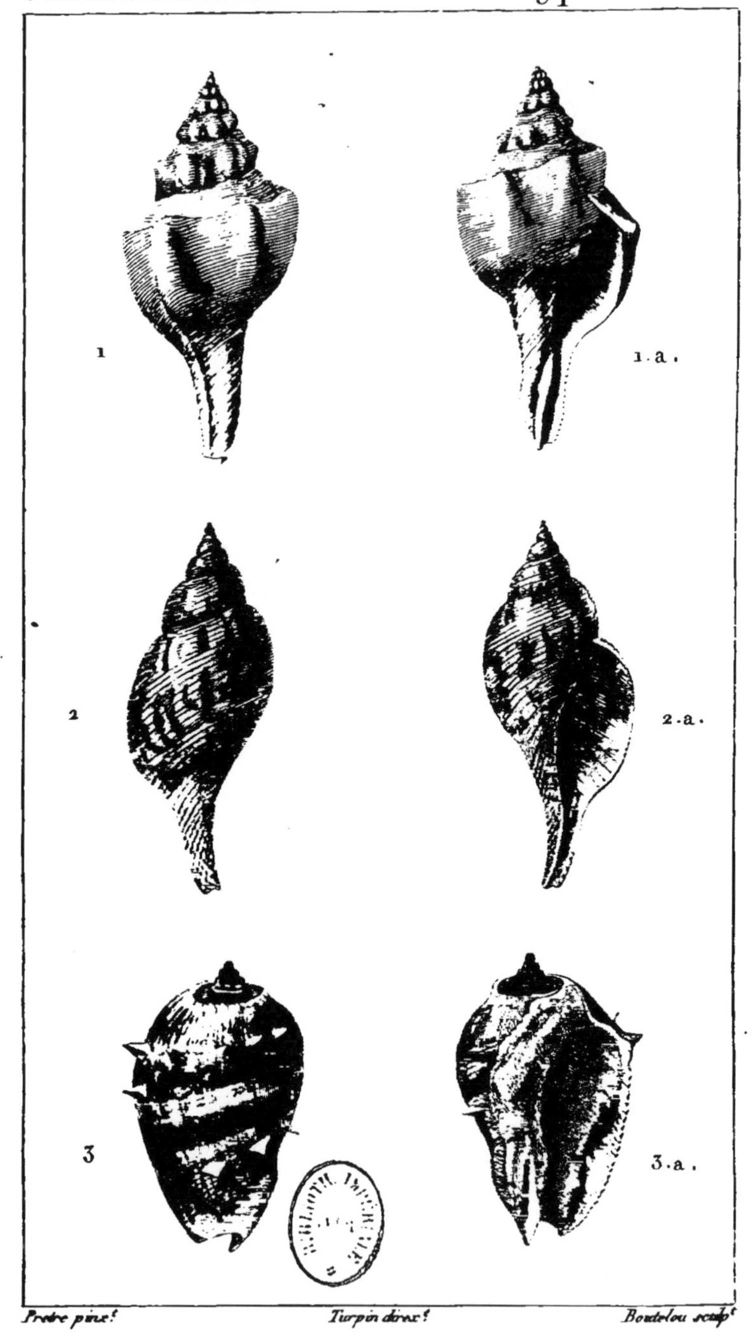

Prêtre pinx.t *Turpin direx.t* *Boutelou sculp.t*

1. TURBINELLE scolyme. 1.a. *Id. vue du côté de la bouche.*
2. FASCIOLAIRE tulipe. 2.a. *Id. vue du côté de la bouche.*
3. PYRULE mélongène. 3.a. *Id.t vue du côté de la bouche.*

ZOOLOGIE.

CONCHYLIOLOGIE.

Siphonostomes.
Entomostomes.

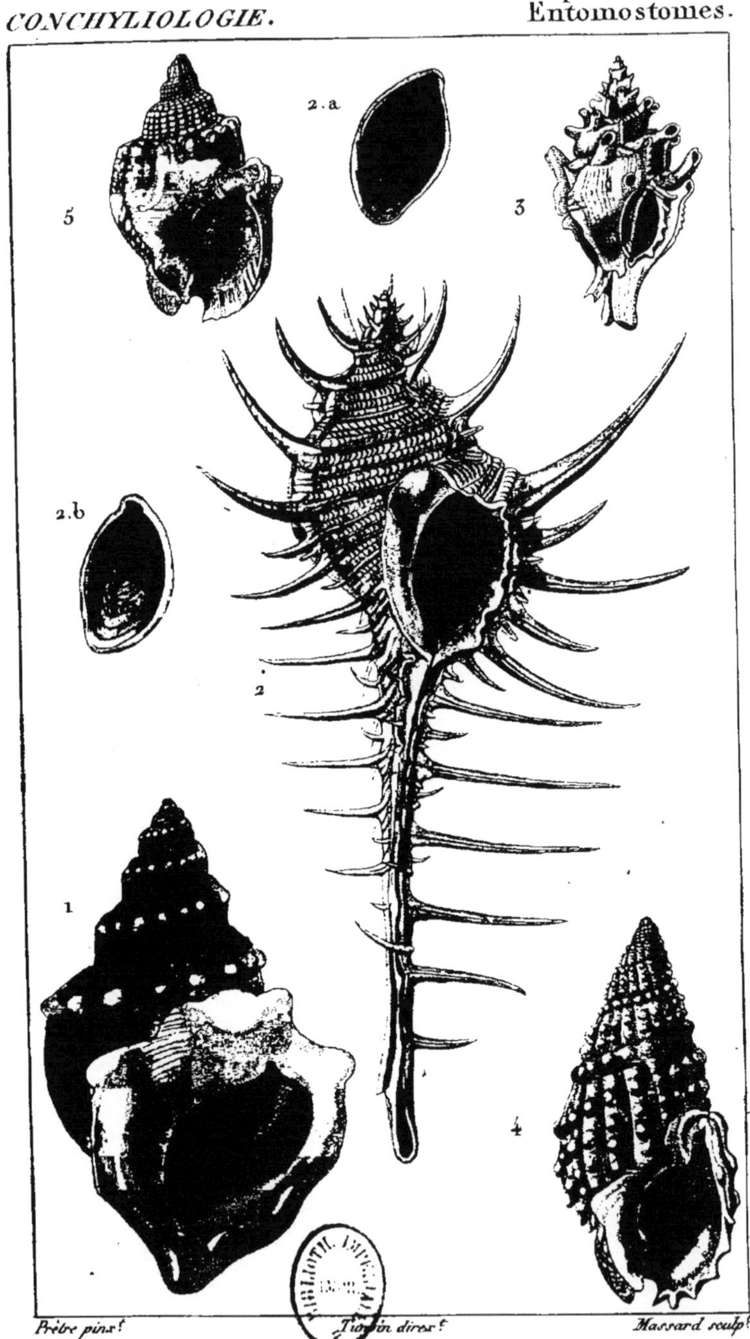

Prêtre pinx.t *Turpin direx.t* *Massard sculp.t*

1. STRUTHIOLAIRE noduleuse | 3. ROCHER tubifère.
2. ROCHER forte-épine. | 4. BUCCIN tuberculeux.
2.a. 2.b. *Son opercule.* | 5. ——— casquillon.

ZOOLOGIE.

CONCHYLIOLOGIE. Syphonostomes.

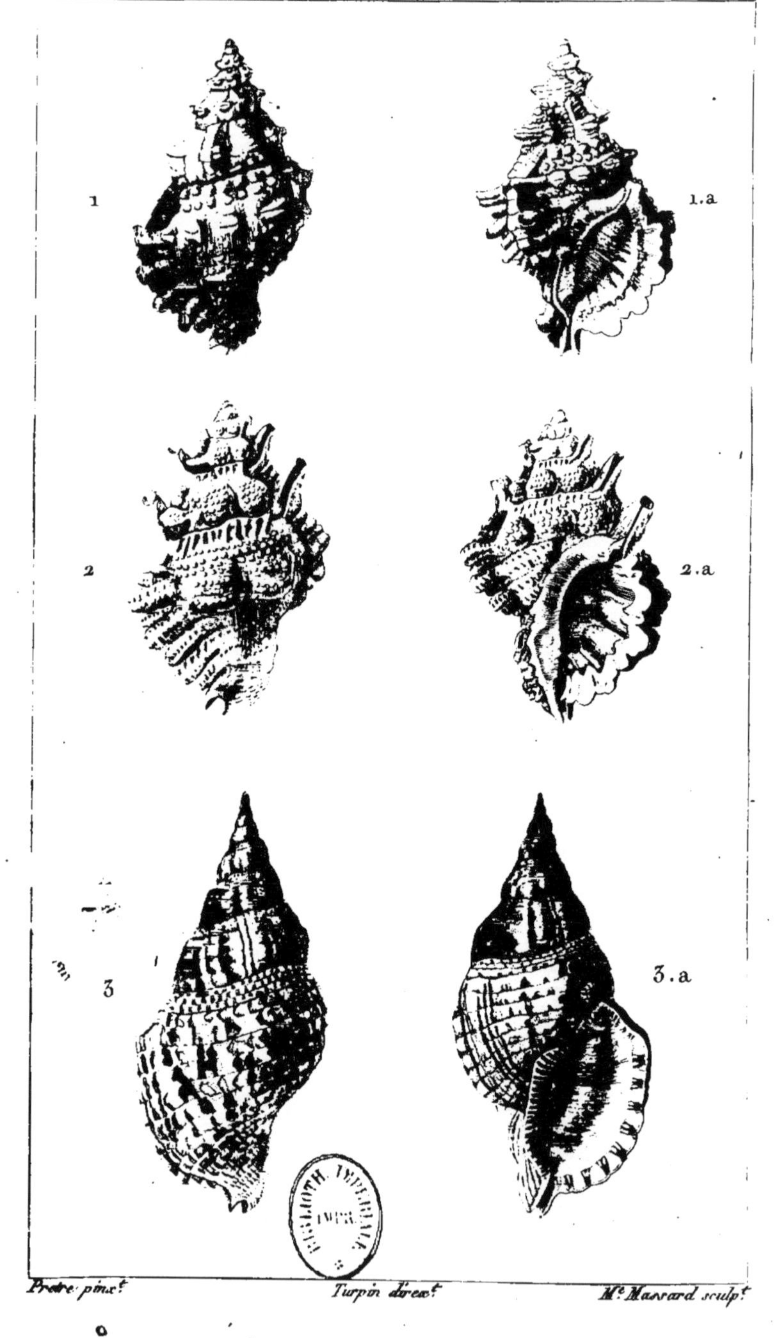

Prêtre pinx.t Turpin direx.t M.e Massard sculp.t

1. MUREX lampas. 1.a. *Id. vu du côté de la bouche.*

2. RANELLE crapaud. 2.a. *Id. vue du côté de la bouche.*

3. TRITON varié. 3.a. *Id. vu du côté de la bouche.*

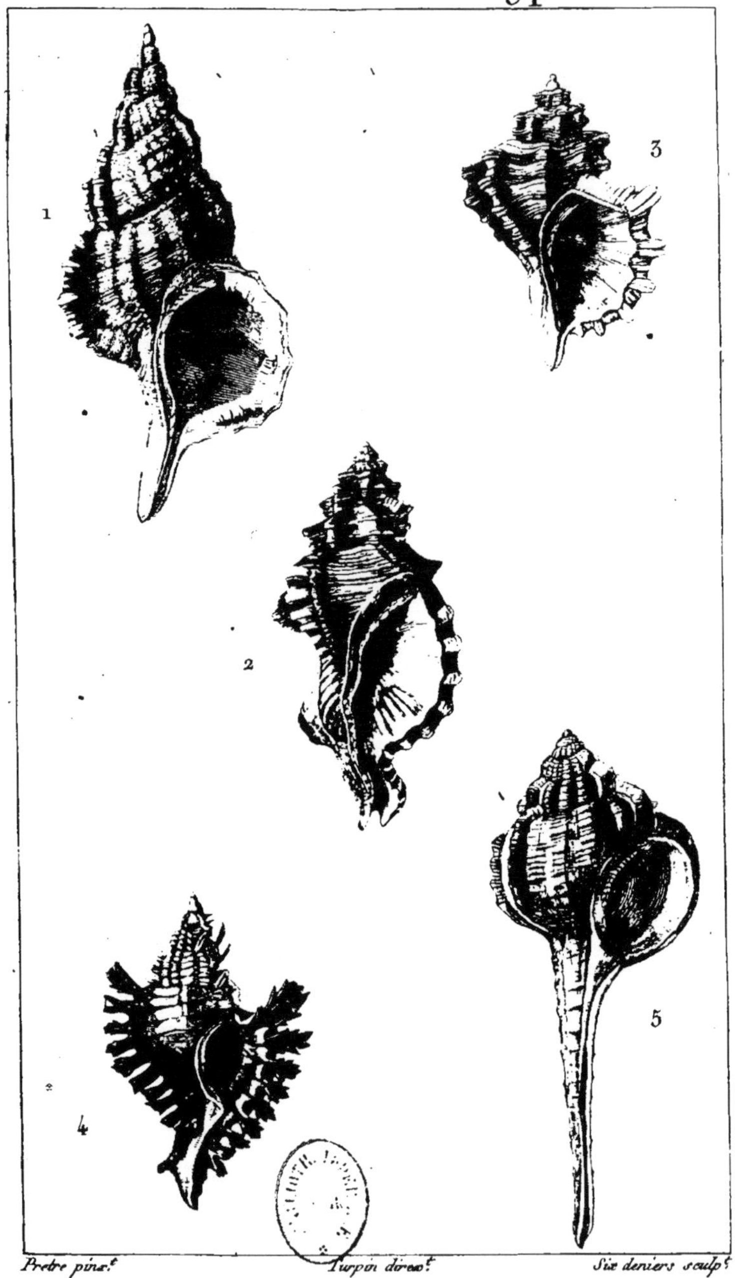

1. APOLLE gyrin. *MUREX* gyrinus. *(Lin.)*

2. LOTOIRE baignoire. *MUREX* lotorium.

3. AQUILE cutacé. *MUREX* cutaceus. *(Lin.)*

4. MUREX chicorée.

5. BRONTE cuiller. *MUREX* haustellum. *(Lin.)*

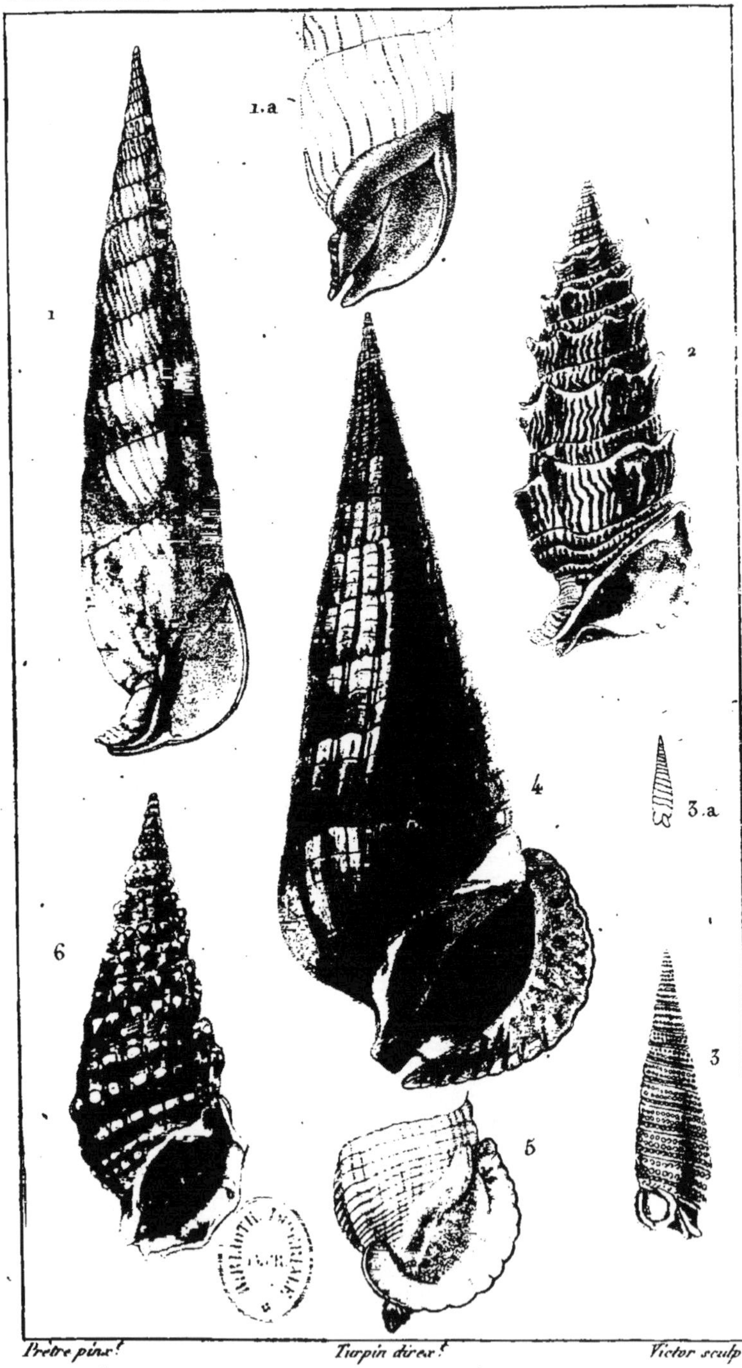

Prêtre pinx.t *Turpin direx.t* *Victor sculp.t*

1.1.a. CÉRITE Buire.	4. CÉRITE Cuiller.
2. ——— Chenille.	5. ——— sillonnée.
3.3.a ——— tristome.	6. ——— Goumier.

ZOOLOGIE.

CONCHYLIOLOGIE. *Fossiles.* Entomostomes.

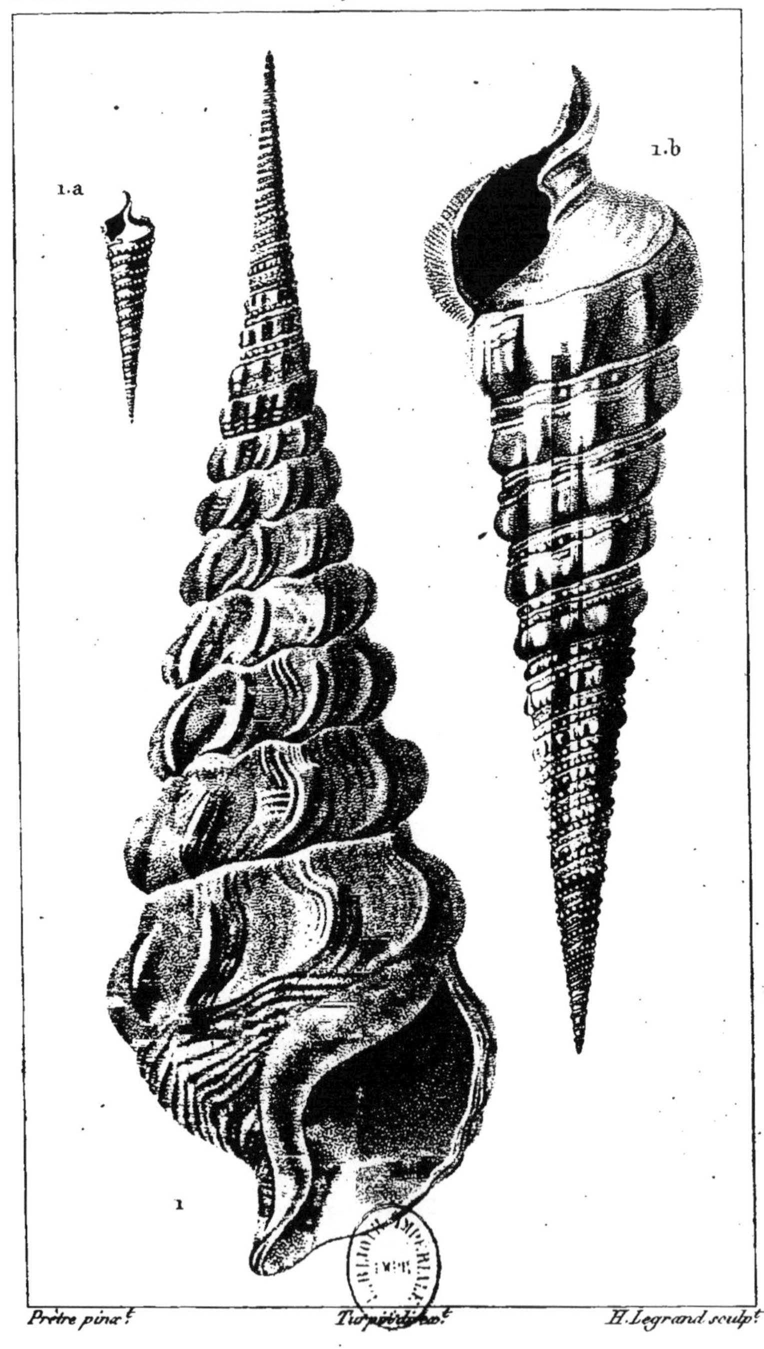

Prêtre pinx.t *Turpin direx.t* *H. Legrand sculp.t*

1.1-a.1-b. CÉRITHE corne-d'abondance. *à différens âges.*

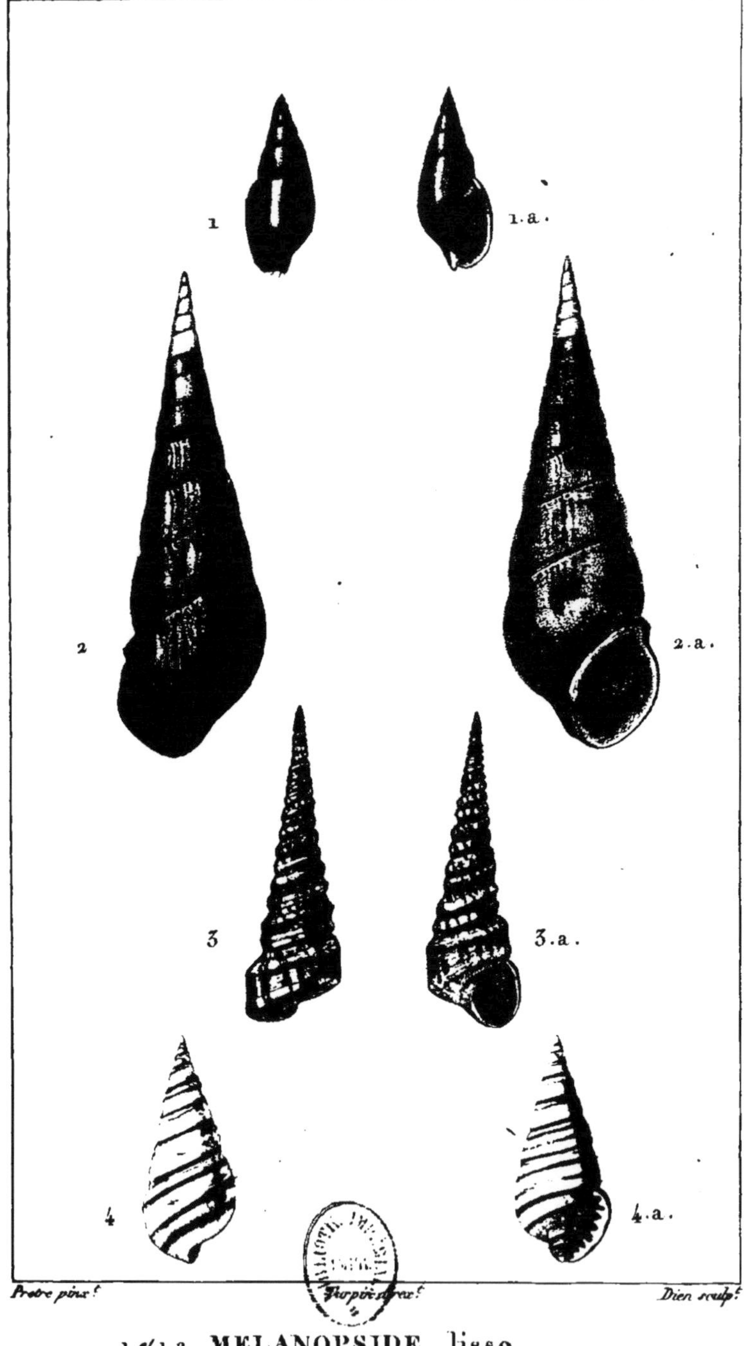

Pretre pinx.t Turpin direx.t Dien sculp.t

1 et 1.a. MELANOPSIDE lisse.

2 et 2.a. PYRENE de Madagascar.

3 et 3.a. TURRITELLE acutangle.

4 et 4.a. PYRAMIDELLE terebelle.

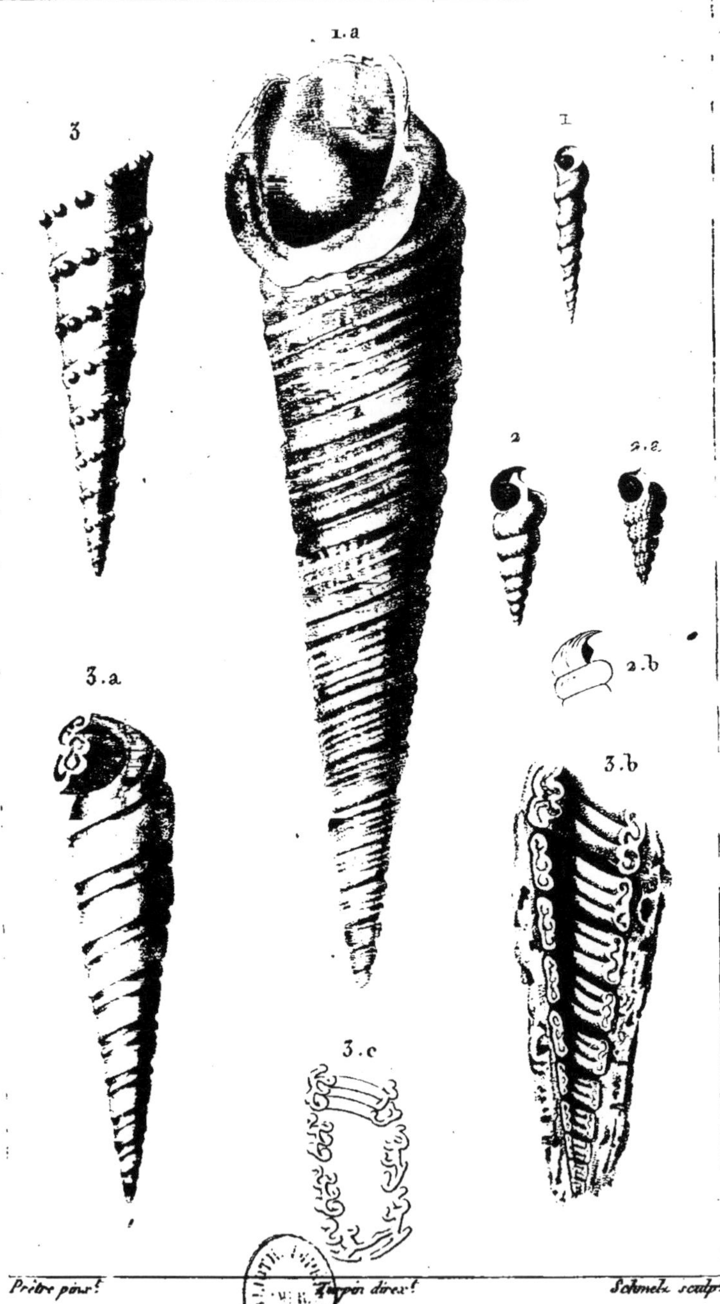

Prêtre pinx.t *Turpin direx.t* *Schmelz sculp.t*

1. PROTO maraschinii. *(Def.)*

1.a. PROTO? turritella *(Def.)*

2. POTAMIDE fragile *(Def.)* 2.a *Id. var.* 2.b *Id. vue de côté.*

3. NÉRINÉ tuberculeuse *(Def.)* 3.a *Id. moule intérieur.* 3.b. *Idem coupé longitudinalement.* 3.c *Id. autre coupe oblique.*

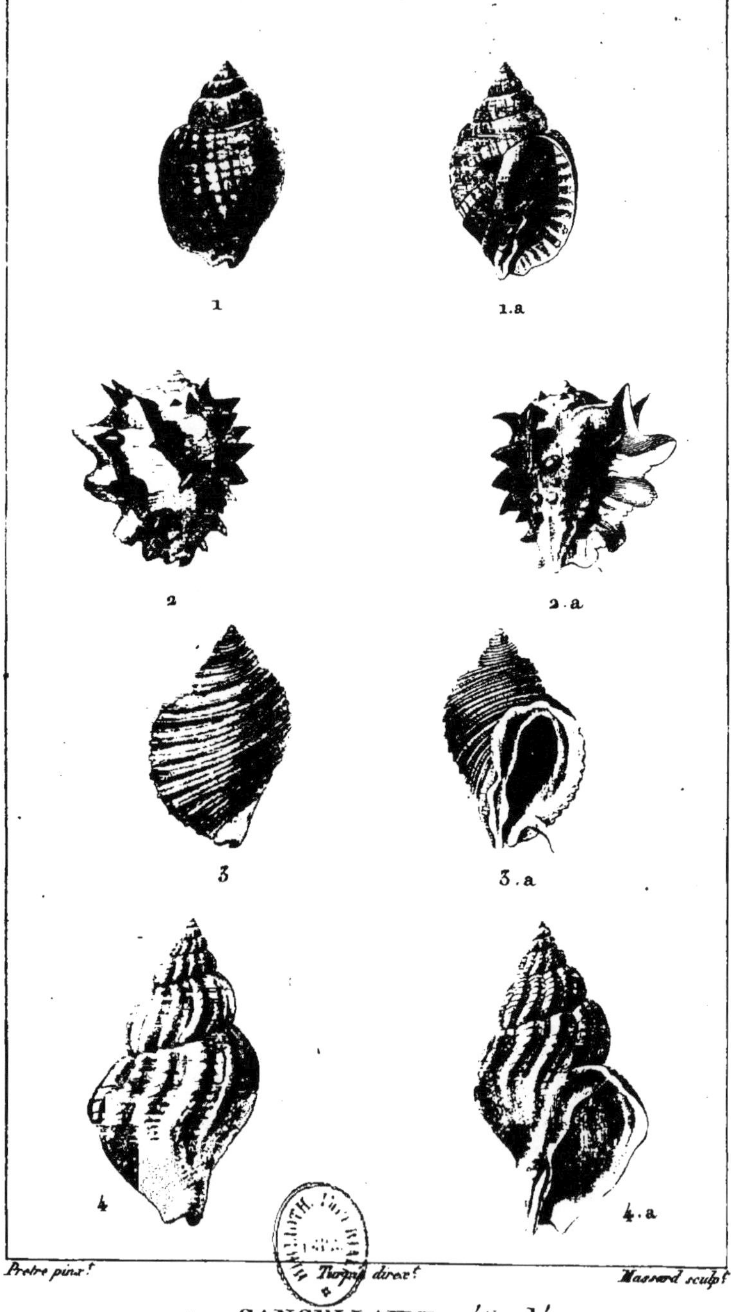

Pretre pinx.t Turpin direx.t Massard sculp.t

1 et 1 a. CANCELLAIRE réticulée.

2 et 2 a. RICINULE horrible.

3 et 3 a. LICORNE imbriquée.

4 et 4 a. BUCCIN ondé.

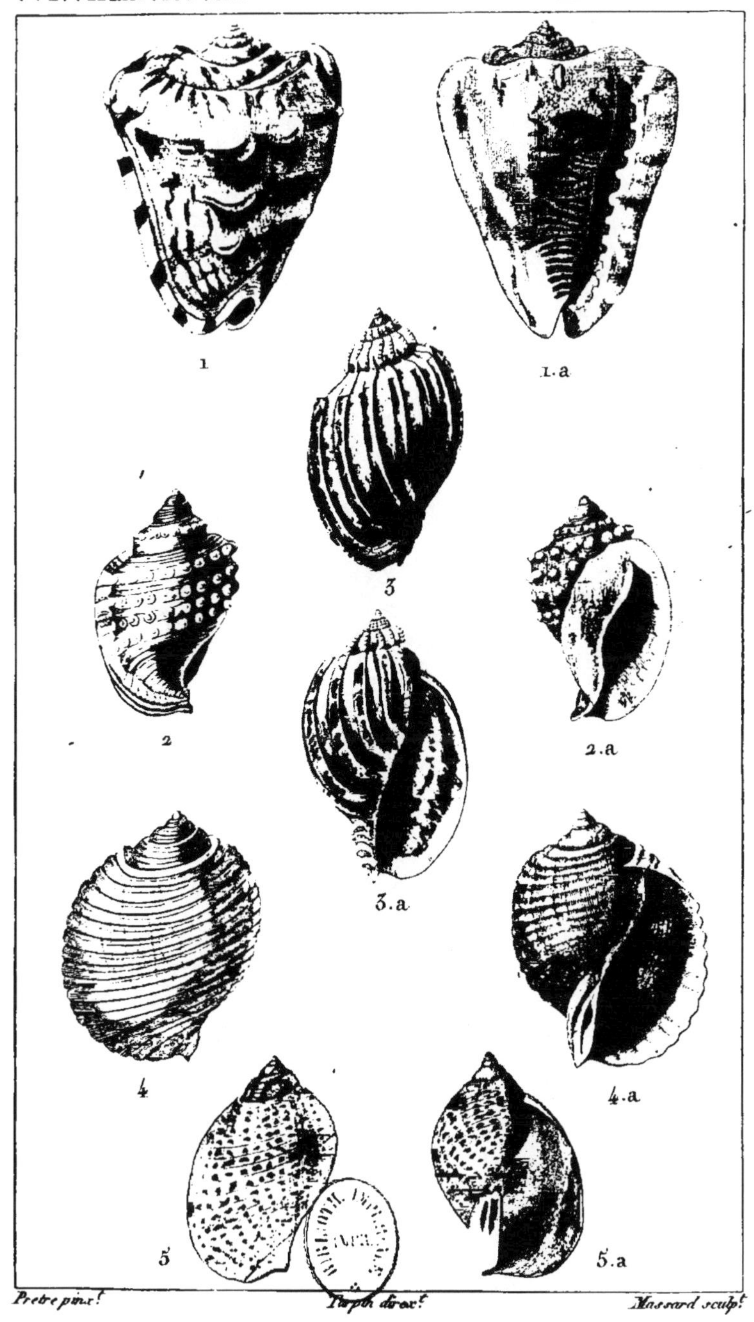

Pretre pinx.t Turpin direx.t Massard sculp.t

1 et 1.a. CASQUE triangulaire.
2 et 2.a. CASSIDAIRE échinophore.
3 et 3.a. HARPE noble.
4 et 4.a. TONNE cannelée.
5 et 5.a. TONNE perdrix.

ZOOLOGIE.

CONCHYLIOLOGIE. Entomostomes.

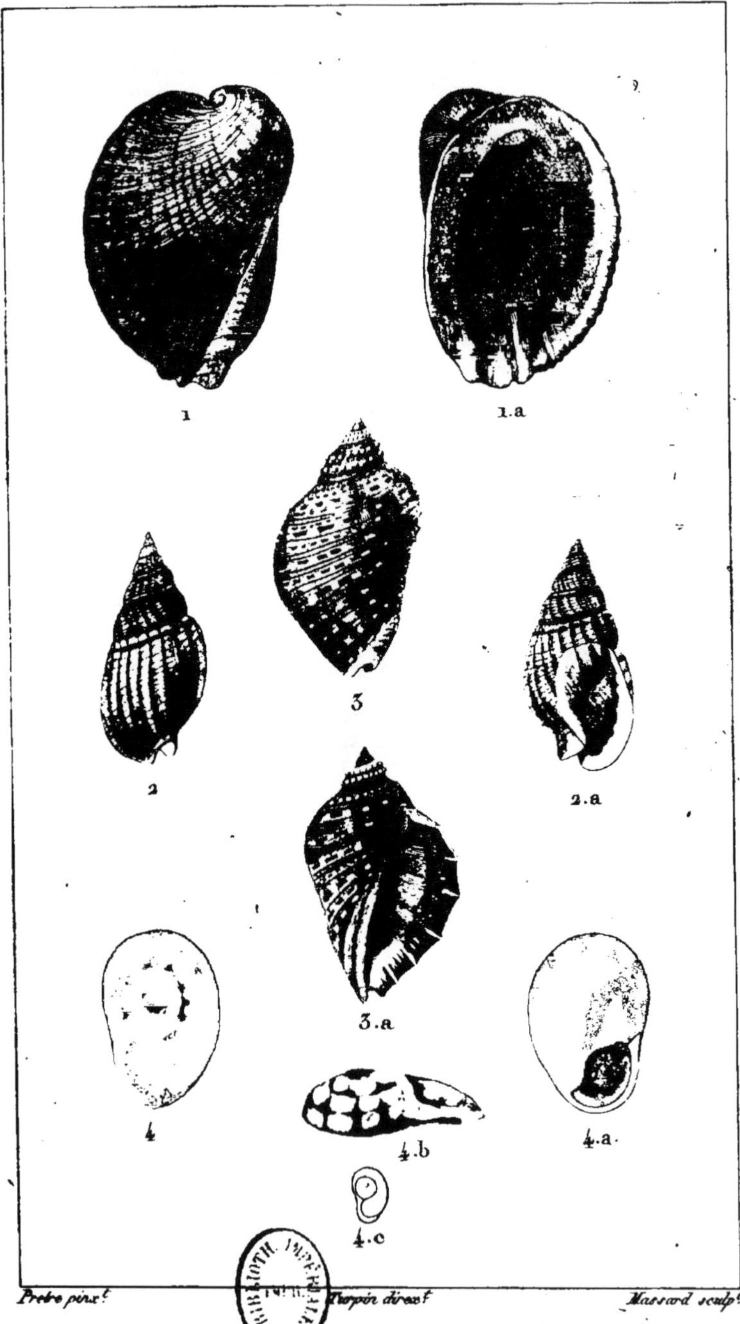

Prêtre pinx^t. Turpin direx^t. Massard sculp^t.

1 et 1a. CONCHOLEPAS du Pérou.

2 et 2a. NASSE réticulée.

3 et 3a. POURPRE persique.

4. 4a et 4b. CYCLOPE étoilé *grossi*. Buccinum neriteum. *(Linn.)*

4c. *De grandeur naturelle.*

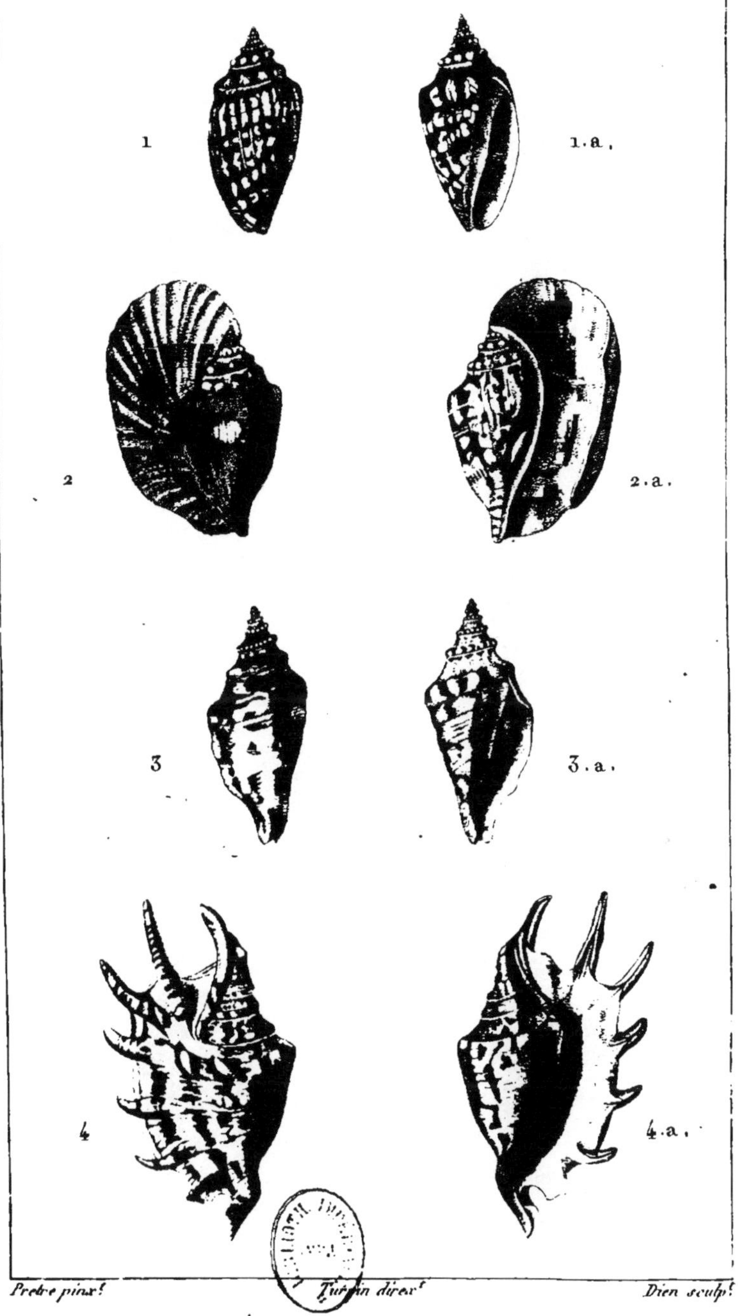

Pretre pinx.t *Turpin direx.t* *Dien sculp.t*

1.STROMBE scorpion. *premier état.* 1.a. *Id. vue du côté de la bouche.*
2.S.......... s.........: *à l'état parfait.* 2.a. *Id. vue du côté de la bouche.*
3.PTÉROCÈRE cornue. *premier état.* 3.a. *Id. vue du côté de la bouche.*
4.P............ c....... *à l'état parfait.* 4.a. *Id. vue du côté de la bouche.*

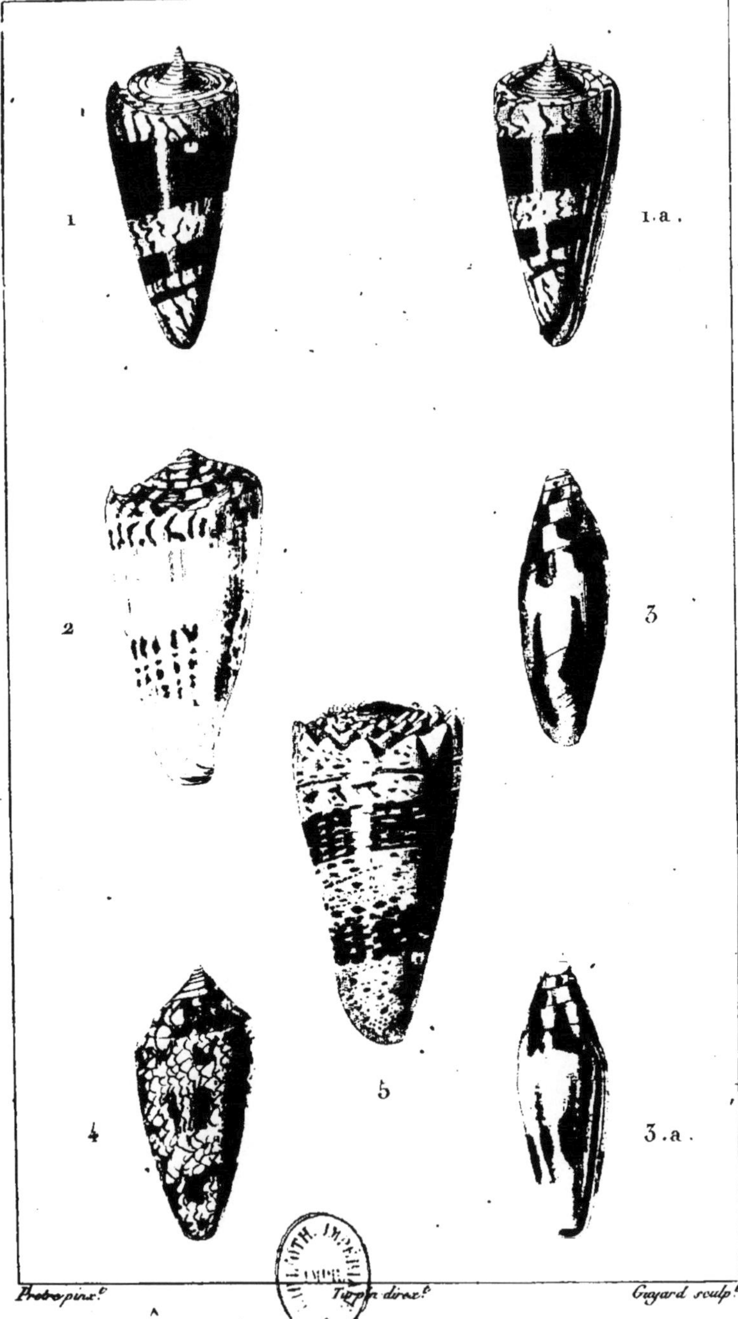

Prêtre pinx.t Turpin direx.t Guyard sculp.t

1. CÔNE flamboyant. 1.a. *Du côté de l'ouverture.*
2. CÔNE hermine. *C. mustelinus.*
3. CÔNE mitre. *C. mitratus.* 3.a. *Du côté de l'ouverture.*
4. CÔNE drap-d'or. *C. textile.*
5. RHOMBE impérial. *C. impérialis.*

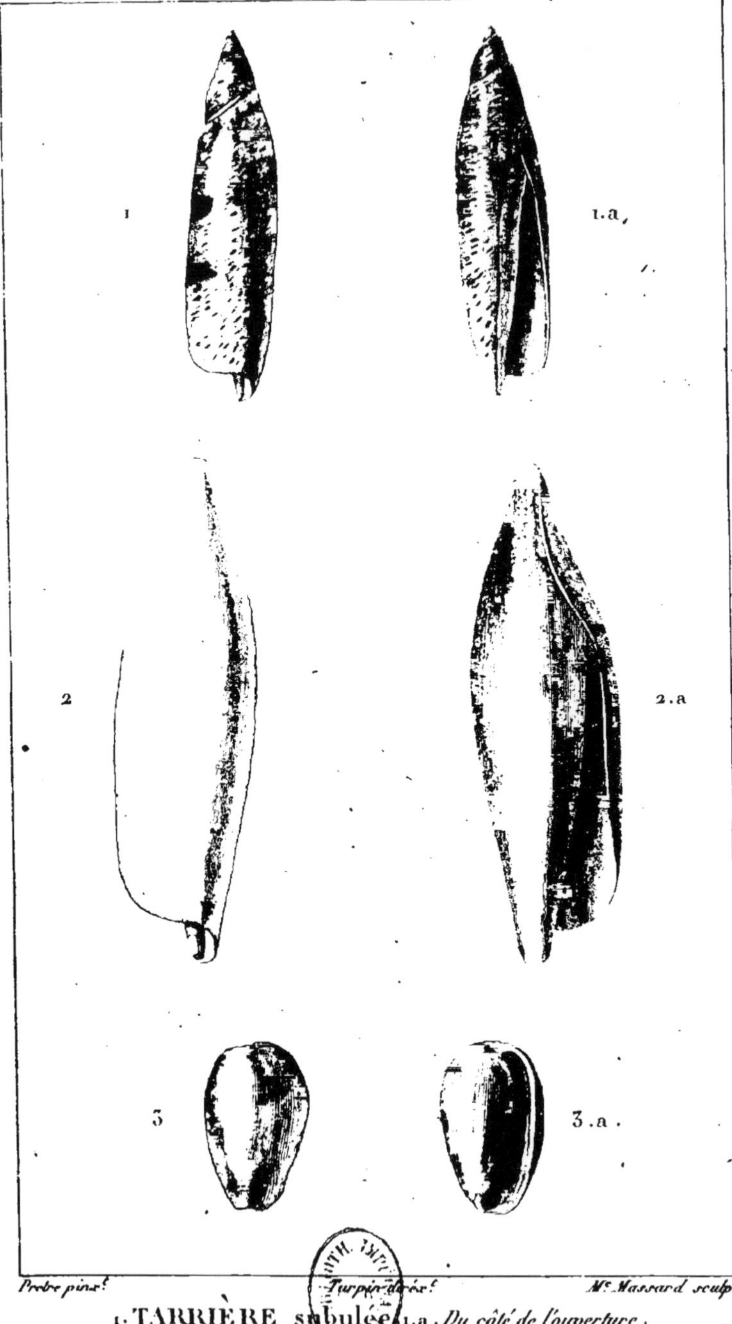

Prêtre pinx.t Turpin direx.t M.e Massard sculp.t

1. TARRIÈRE subulée. 1.a. *Du côté de l'ouverture.*

2. SERAPHE oublié. *TEREB.* convolutum. 2.a. *Du côté de l'ouverture.*

3. VOLVAIRE à collier. *VOLV.* monilis. 3.a. *Id. vue du côté de la bouche.*

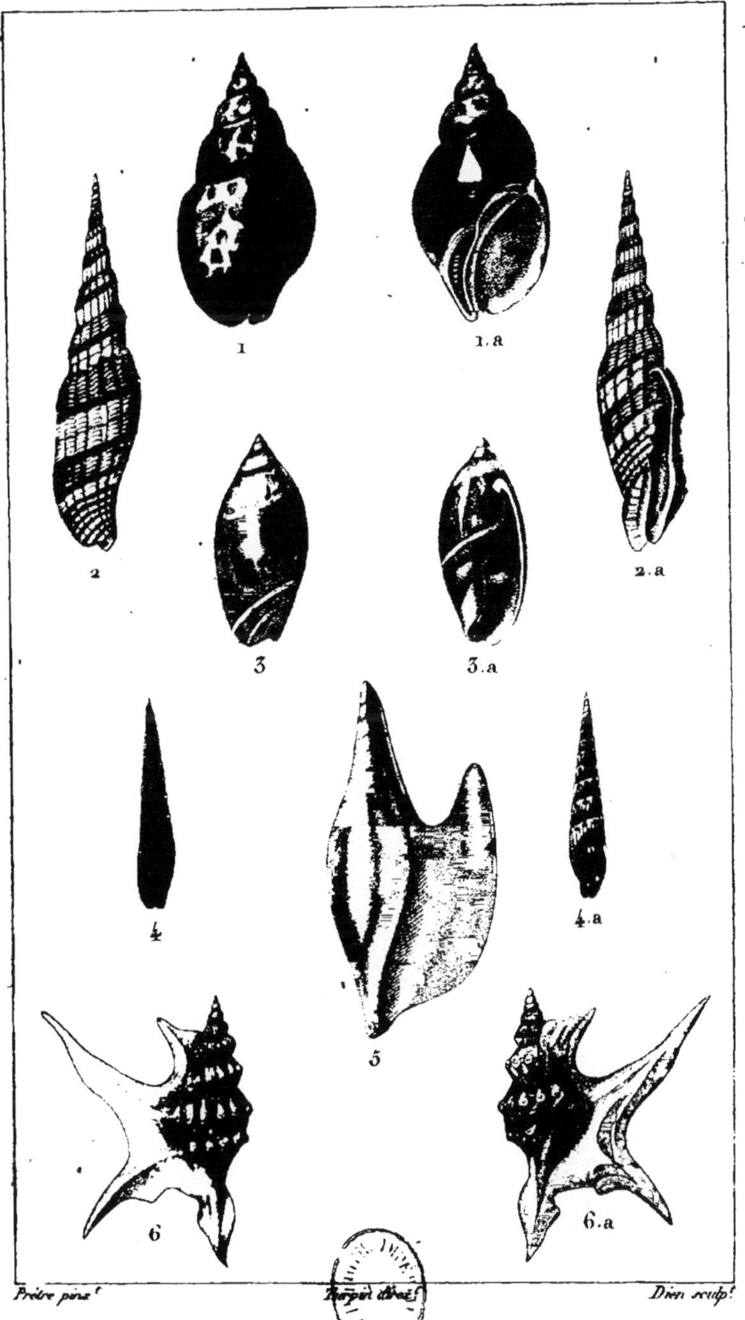

Prêtre pinx.t Turpin direx.t Dien sculp.t

1 et 1a. EBURNE de Ceylan. 2 et 2a. MITRE rubanée.
3 et 3a. ANCILLAIRE canelle. 4 et 4a. VIS forêt.
5. HIPPOCRÈNE columbaire. Rostellaire columbaire. (Lamarck)
6 et 6a. ROSTELLAIRE pied de Pélican.

ZOOLOGIE.

CONCHYLIOLOGIE. Angyostomes.

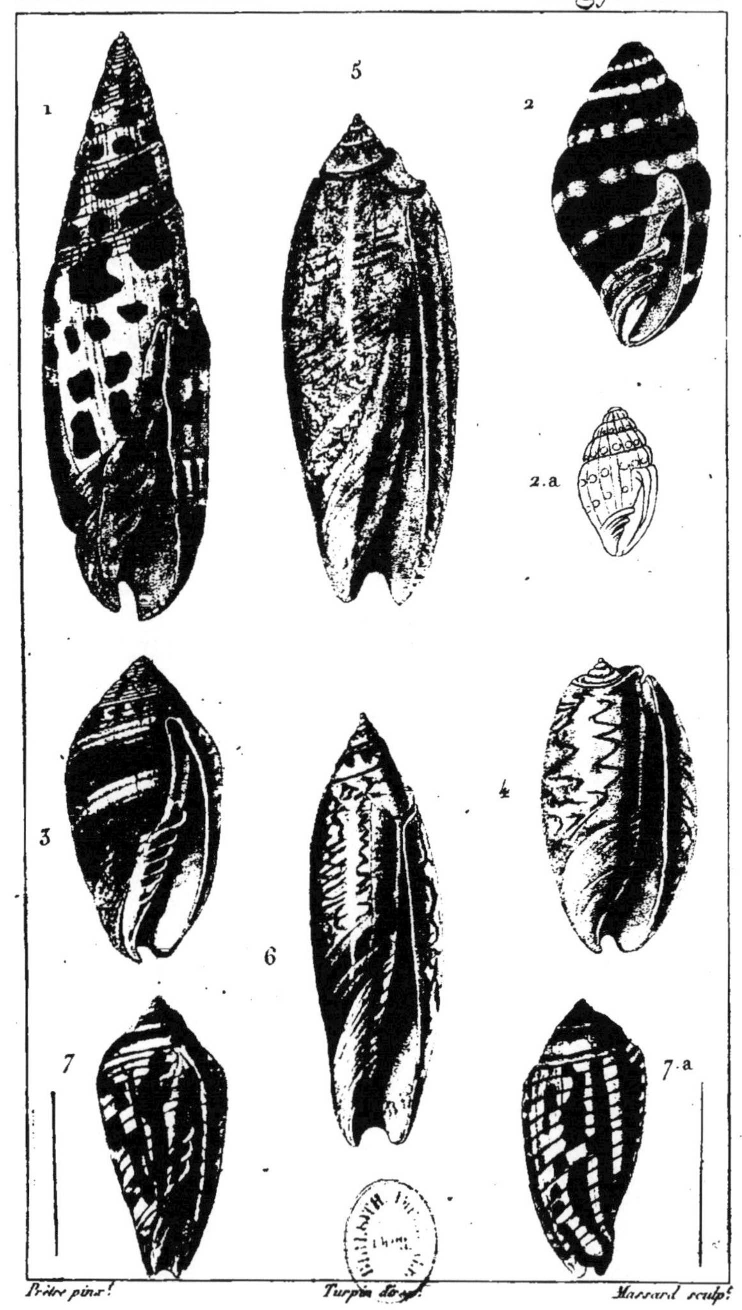

Prêtre pinx! Turpin direx! Massard sculp!

1 MITRE	episcopale.	4. OLIVE	ondée.
2.2a. ——	à petites zônes.	5. ——	littérée.
3. ——	dactyle.	6. ——	subulée.

7.7a. MITRE décorée.

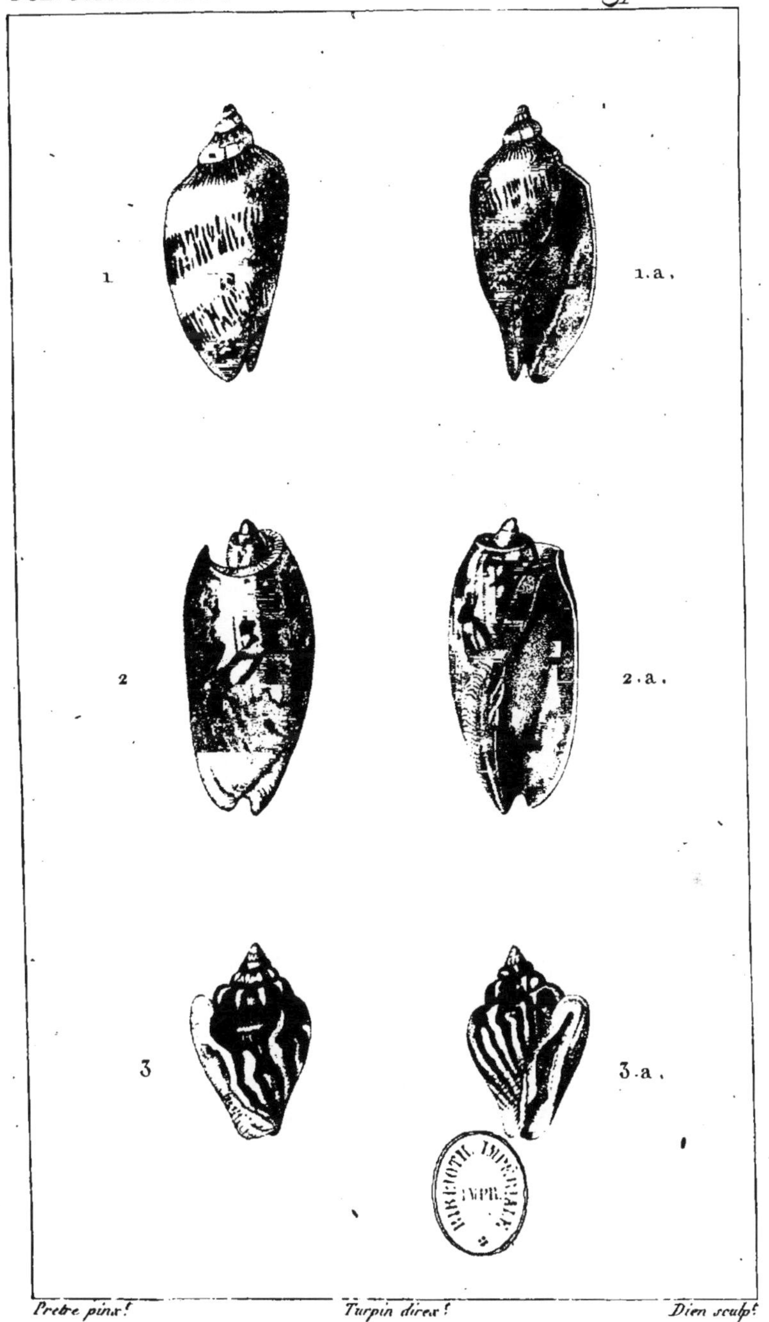

Pretre pinx.t *Turpin direx.t* *Dien sculp.t*

1. VOLUTE neigeuse. 1.a. *Id. vue du côté de la bouche.*

2. CYMBIE gondole. 2.a. *Id. vue du côté de la bouche.*

3. COLUMBELLE strombiforme. 3.a. *Id. vue du côté de la bouche.*

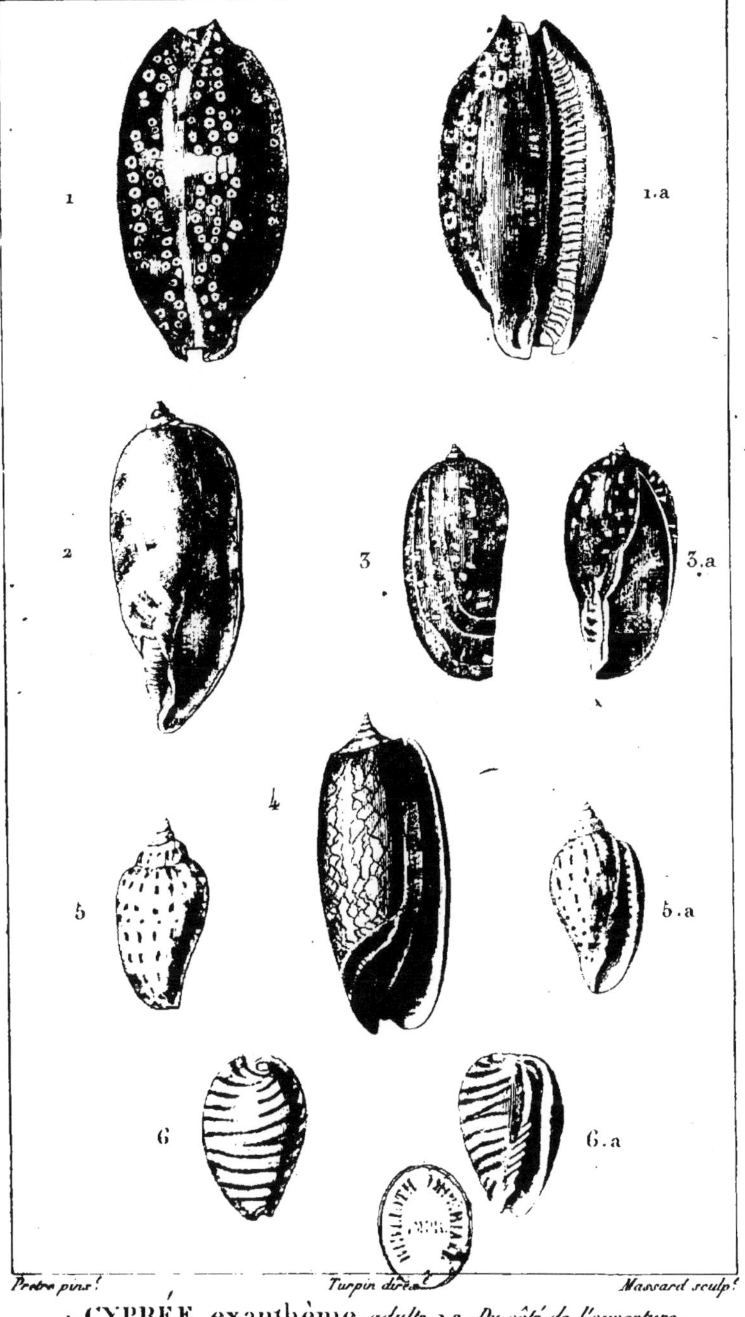

Pretre pinx. Turpin direx. Massard sculp.

1. CYPRÉE exanthème, *adulte*. 1.a. *Du côté de l'ouverture*.

2. CYPRÉE exanthème, *non adulte*.

3. PERIBOLE d'Adanson. 3.a *Du côté de l'ouvert.*

4. OLIVE de Panama.

5. MARGINELLE ponctuée. 5.a. *Du côté de l'ouverture*.

6. MARGINELLE rayée 6.a. *Du côté de l'ouverture*.

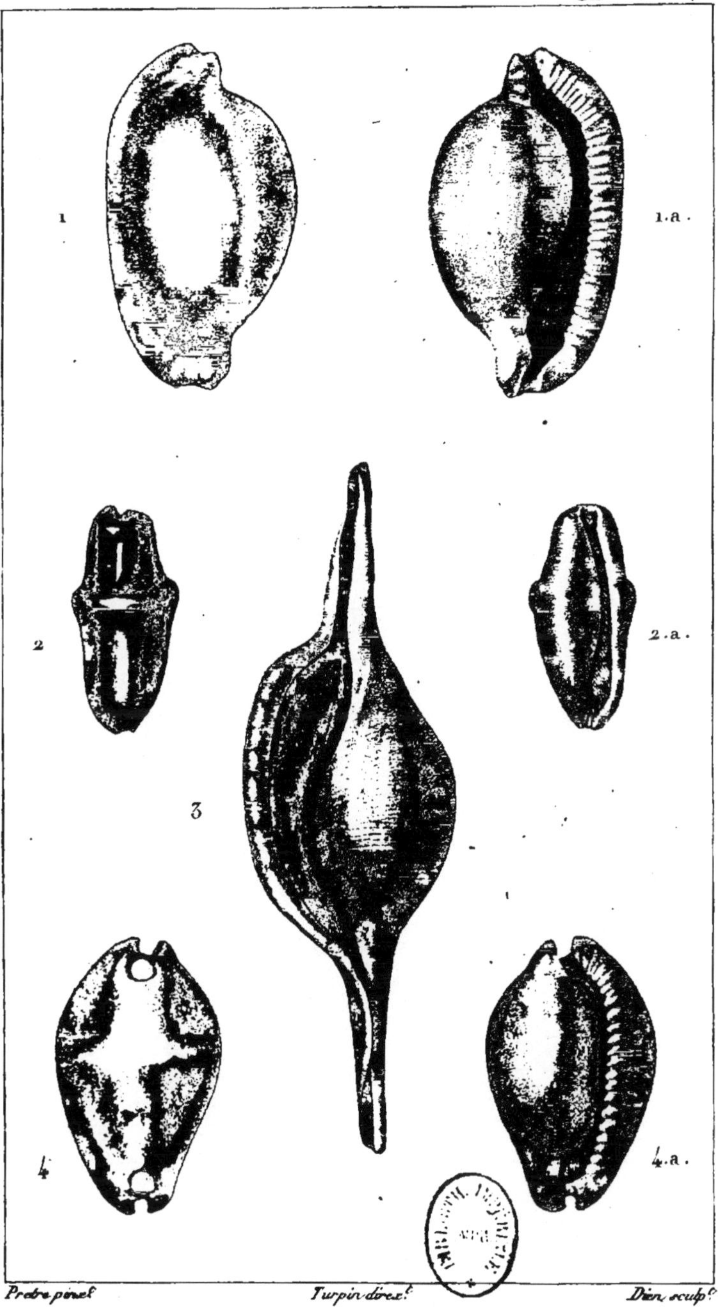

Pretre pinx. *Turpin direx.* *Dien sculp.*

1. OVULE oviforme. 1.a. *Du côté de l'ouverture.*

2. ULTIME gibbeux. Ov. *gibbeuse*. 2.a. *Du côté de l'ouverture.*

3. NAVETTE volve. Ov. *volva*.

4. CALPURNE verruqueux. 4.a. *Vue du côté de l'ouverture.*

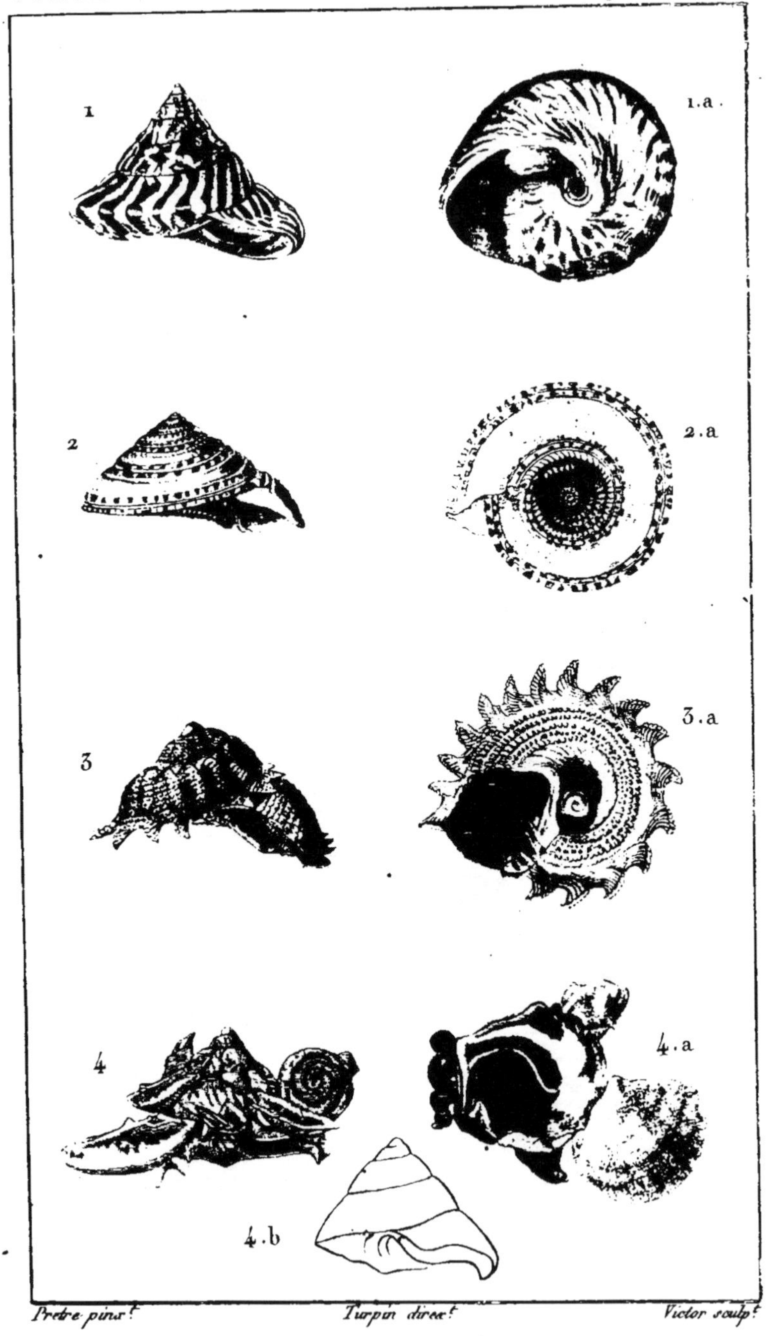

Pretre pinx^t Turpin direx^t Victor sculp^t

1. TROQUE nilotique. 1.a. *Id. vue par sa base.*

2. CADRAN escalier. 2.a. *Id. vue par sa base.*

3. EMPEREUR couronné. 3.a. *Id. vue par sa base.*

4. FRIPIER agglutinant. 4.a. *Id. vue par sa base.*

4.b. *La même dépouillée des corps étrangers.*

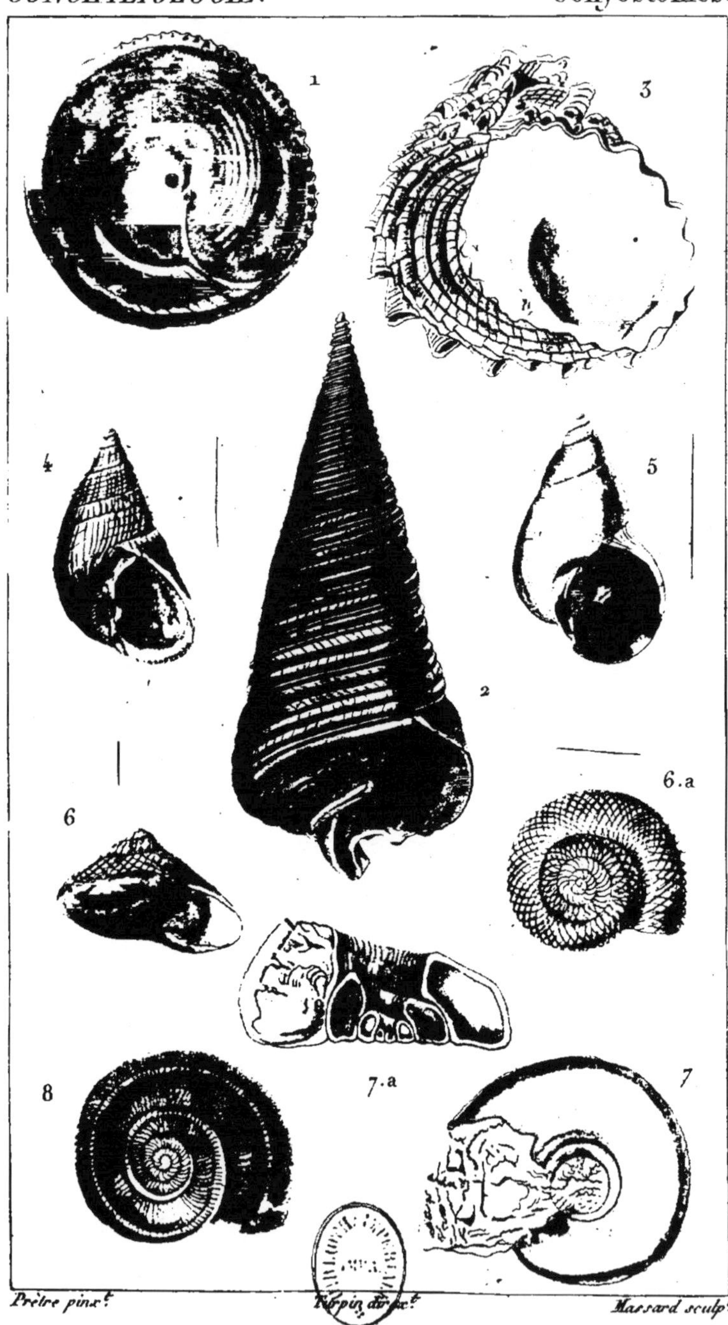

Prêtre pinx.t *Turpin direx.t* *Massard sculp.t*

1. TOUPIE concave.
2. ——— télescope.
3. ——— obélisque.
4. ——— iris.
5. SABOT blanchâtre.
6. 6,a. ROULETTE rôse.
7. 7,a. MACLOURITE géant.
8. EUOMPHALE ancien.

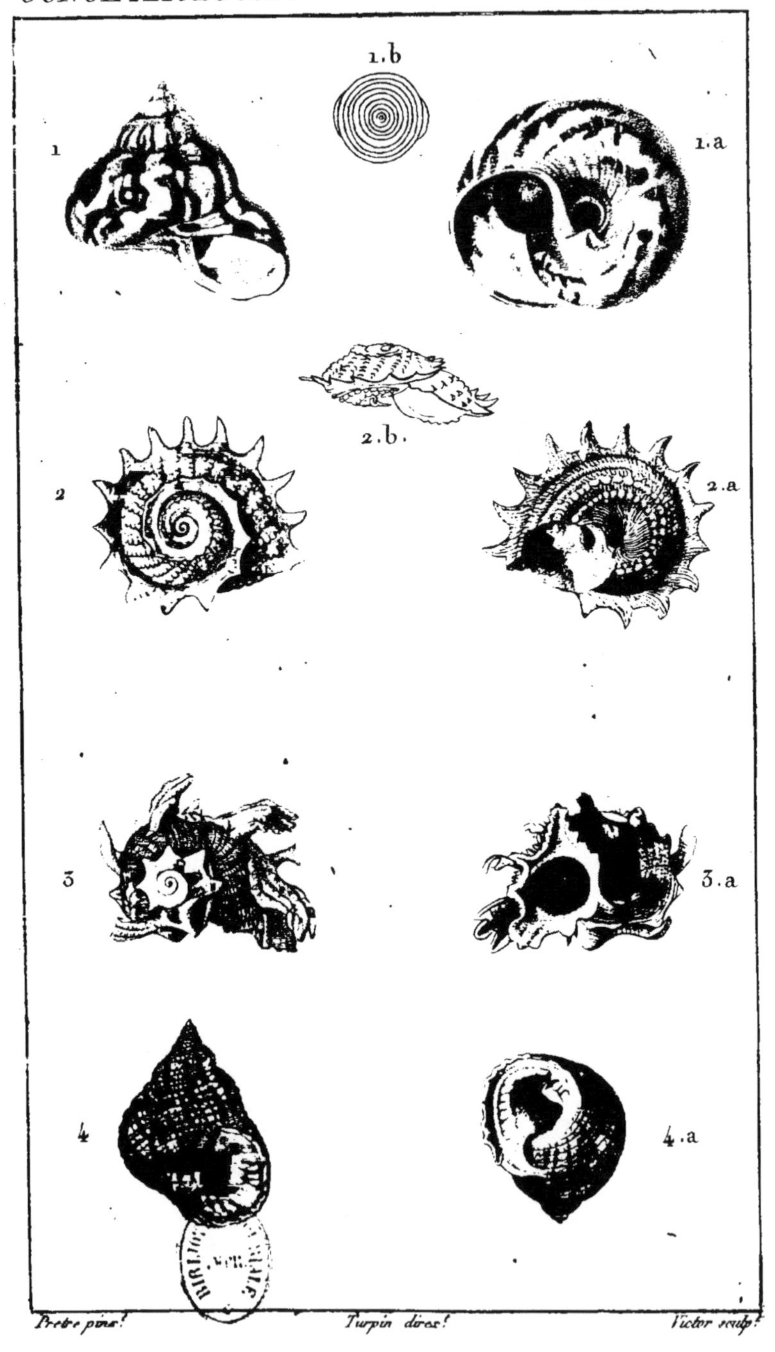

Pretre pinx. *Turpin direx.* *Victor sculp.*

1. TURBO veuve *(Poli)* 1.a. *Id. vu par sa base.* 1.b. *Opercule.*

2. EPERON molette. *vu par le dos.* 2.a. *Id. vu par sa base.* 2.b. *Id. vu de côté.*

3. DAUPHINULE lacinié. *vu par le dos.* 3.a. *Id. vu par sa base.*

4. MONODONTE grosse lèvre. 4.a. *Variété du même.*

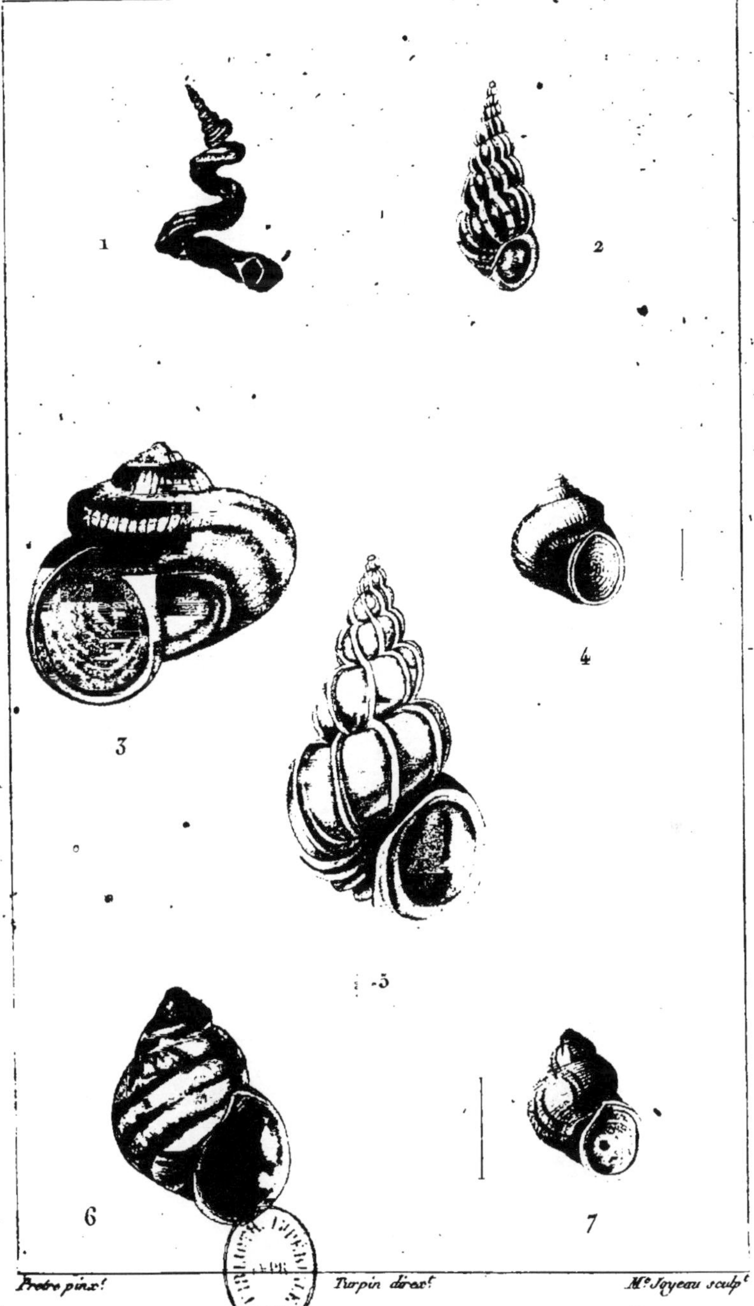

Pretre pinx.t Turpin direx.t M.e Joyeau sculp.t

1.VERMET d'Adanson. 2.SCALAIRE grille.
3.LANISTE d'Olivier. 4.VALVAIRE des piscines.
5.SCALAIRE précieuse. 6.VIVIPARE à bandes.
7.CYCLOSTOME élégant.

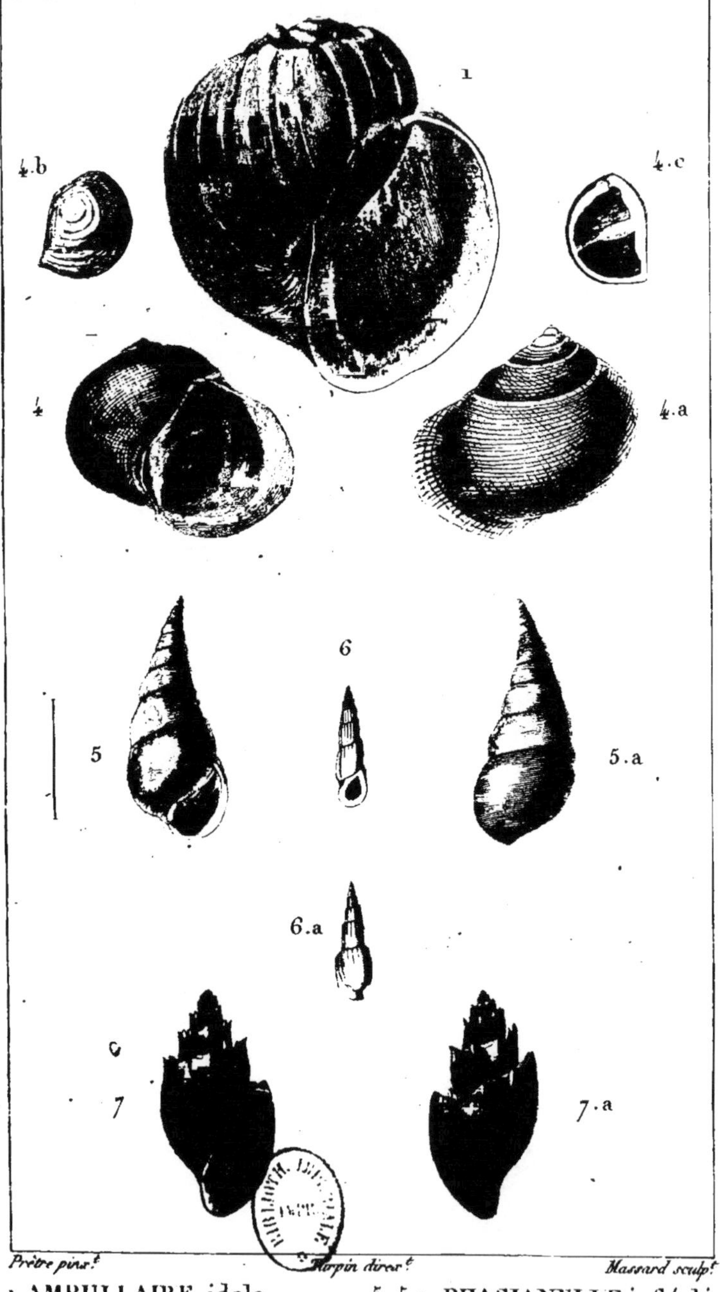

Prêtre pinx.t *Turpin direx.t* *Massard sculp.t*

1. AMPULLAIRE idole.
4. 4 a. HÉLICINE striée.
4 b. 4 c. *Son opercule.*
5. 5 a. PHASIANELLE infléchie.
6. 6 a. RISSOAIRE aigue.
7. 7 a. MÉLANIE thiare.

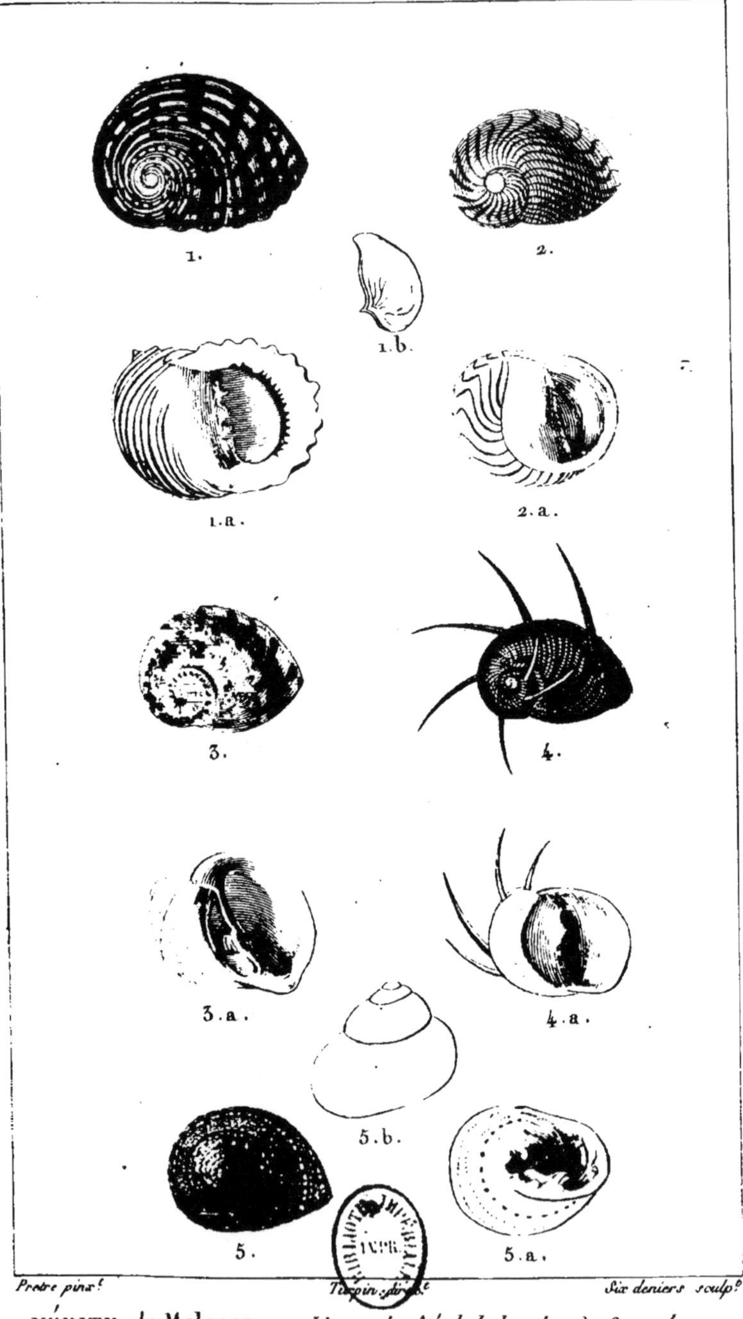

Pretre pinx.t Turpin direx.t Six deniers sculp.t

1. NÉRITE de Malacca. 1.a. *Id. vue du côté de la bouche.* 1.b. *Opercule.*
2. NÉRITINE zèbre. 2.a. *Id. vue du côté de la bouche.*
3. NATICE zonaire. 3.a. *Id. vue du côté de la bouche.*
4. CLITHON couronné. 4.a. *Id. vue du côté de la bouche.*
5. MONODONTE de Pharaon. 5.a. *Id. vue du côté de la bouche.* 5.b. *profil.*

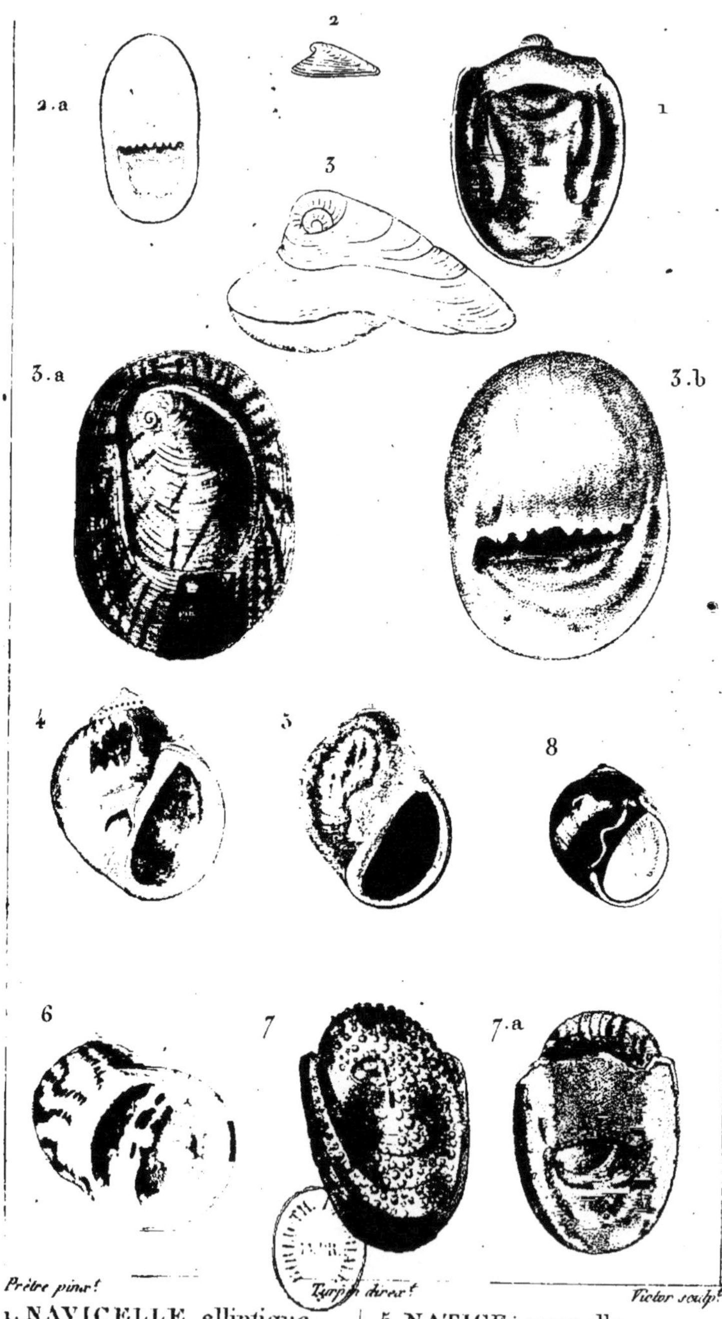

Prêtre pinx.t *Turpin direx.t* *Victor sculp.t*

1. NAVICELLE elliptique.
2. PILÉOLE de Hauteville.
3. 3 a. 3 b. NATICE perversé.
4. NATICE marron.
5. NATICE mamelle.
6. NERITE saignante.
7. 7 a. NERITINE auriculée.
8. NATICE solide.

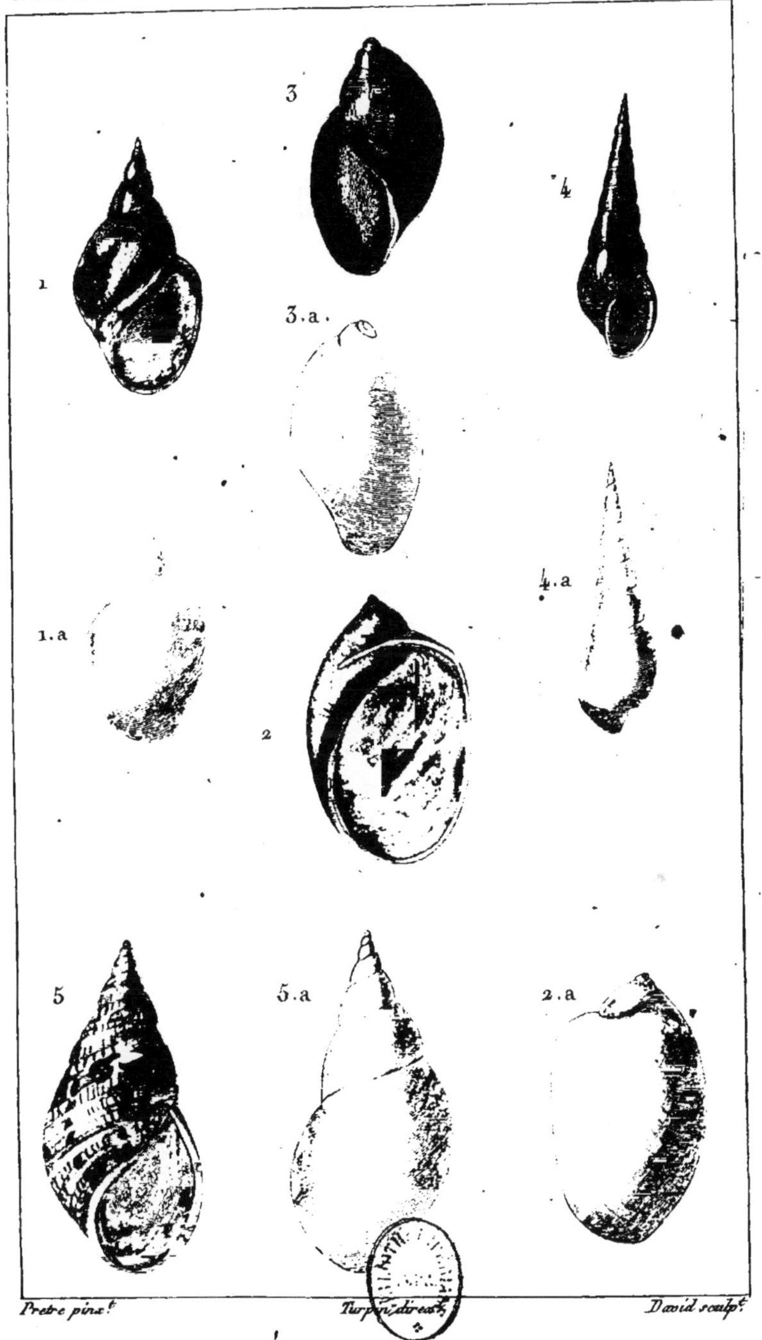

1. LYMNÉE stagnal. 1.a *Id. vue en dessus.*
2. AMPHIBULIME capuchon. 2.a *Id. vue en dessus.*
3. PHYSE de la Nouvelle Hollande. 3.a *Id. vue en dessus.*
4. MELANIE spire aigue. 4.a *Id. vue en dessus.*
5. PHASIANELLE peinte. 5.a *Id. vue en dessus.*

ZOOLOGIE.

CONCHYLIOLOGIE. Ellipsostomes.

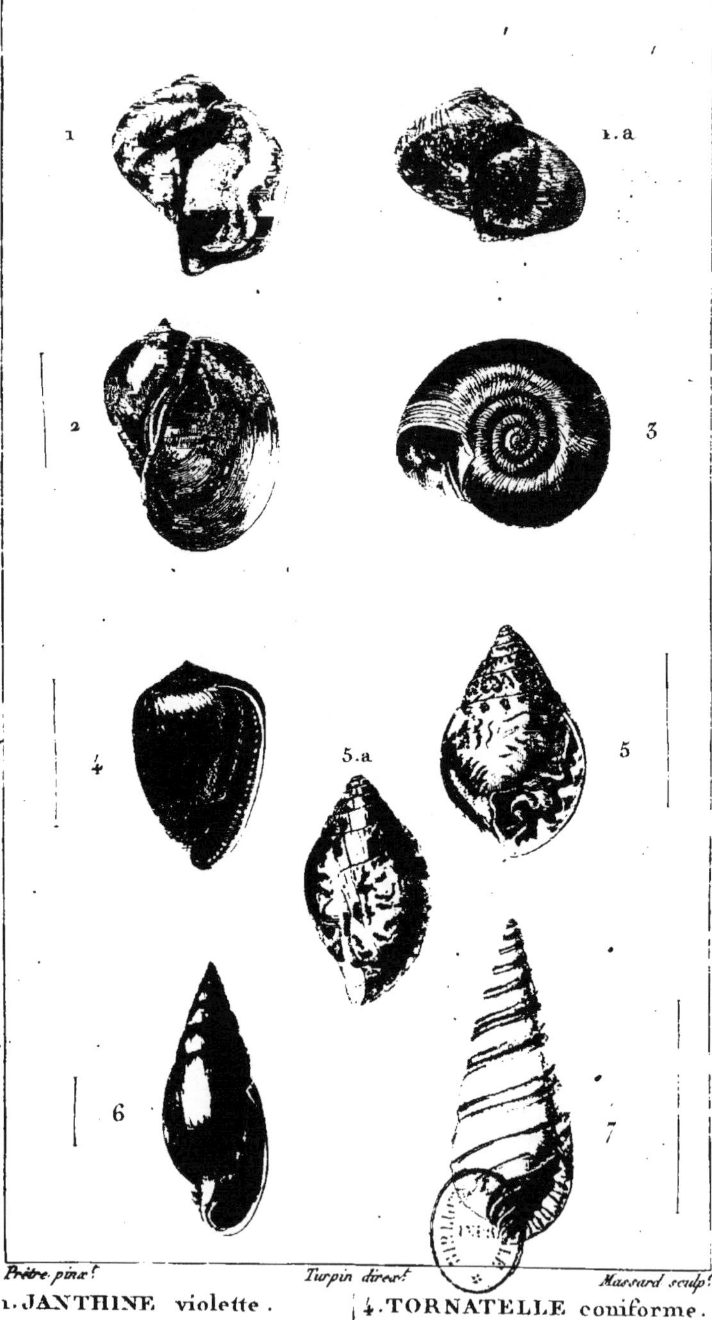

Prêtre pinx.t *Turpin direx.t* *Massard sculp.t*

1. JANTHINE violette.
1.a ———— *var.*
2. LIMNÉE auriculaire.
3. PLANORBE corné.
4. TORNATELLE coniforme.
5. 5 a. AURICULE aveline.
6. AURICULE pygmée.
7. PYRAMIDELLE dentée.

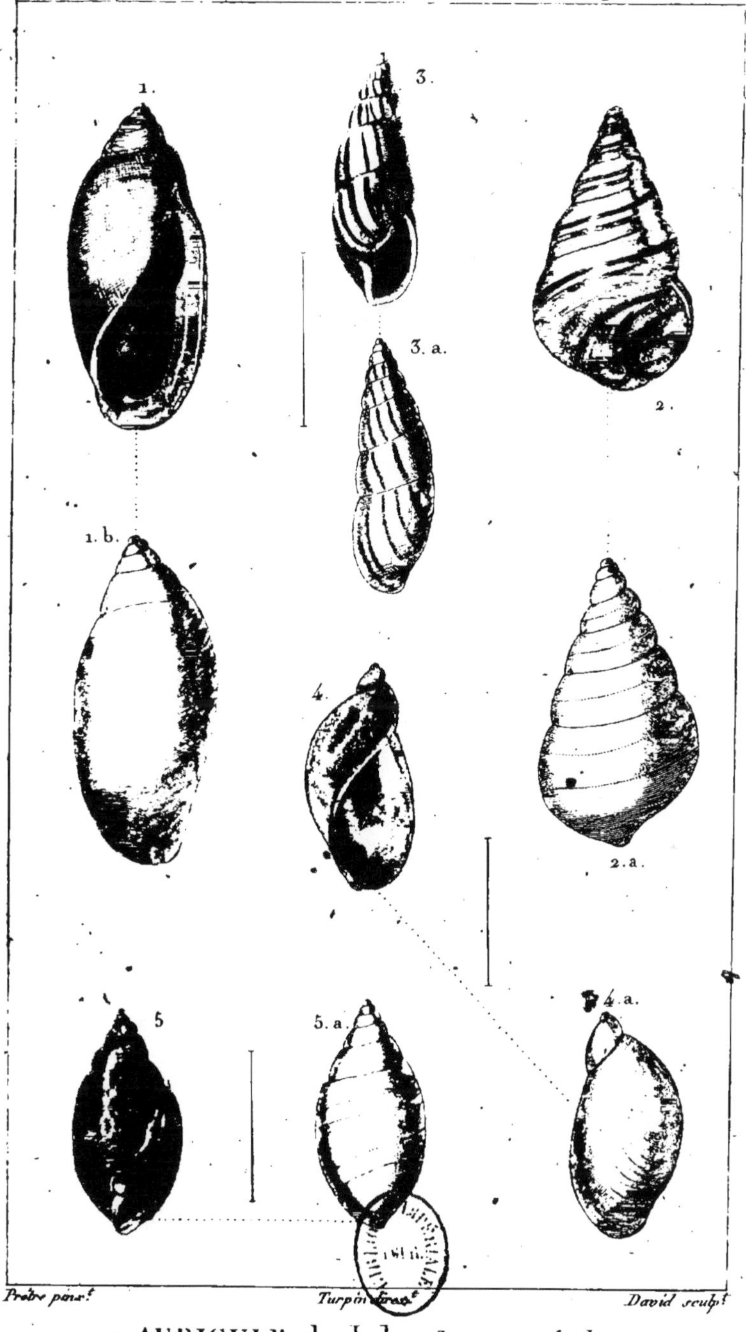

Prêtre pinx.t *Turpin direx.t* *David sculp.t*

1. AURICULE de Juda. 1. b. *vue par le dos.*

2. AGATHINE de Virginie. 2. a. *vue par le dos.*

3. BULIME radié. 3. a. *vue par le dos.*

4. AMBRETTE amphibie 4. a. *vue par le dos.*

5. TORNATELLE fasciée. 5. a. *vue par le dos.*

ZOOLOGIE.

CONCHYLIOLOGIE. Ellipsostomes.

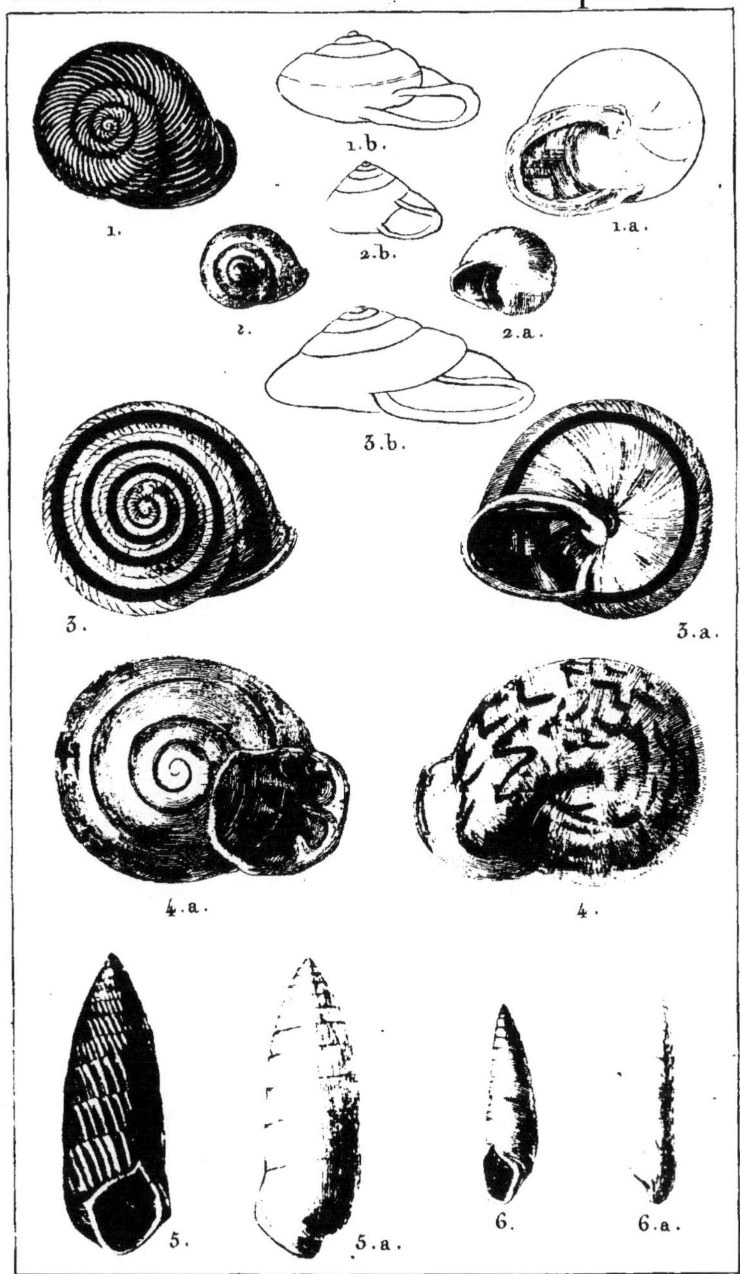

Pretre pinx.t *Turpin direx.t* *Six deniers sculp.t*

1. HELICE plissée. 1.a. *Id. vue du côté de la bouche.* 1.b. *Id. vue de profil.*
2. HELICINE néritine. 2.a. *Id. vue du côté de la bouche.* 2.b. *Id. vue de profil.*
3. CAROCOLLE à bandes. 3.a. *Id. vue du côté de la bouche.* 3.b. *Id. vue de prof.*
4. TOMOGÈRE déprimé. 4.a. *Id. vue du côté de la bouche.*
5. MAILLOT poupée. 5.a. *Id. vue par le dos.*
6. CLAUSULIE lisse. 6.a. *Id. vue par le dos.*

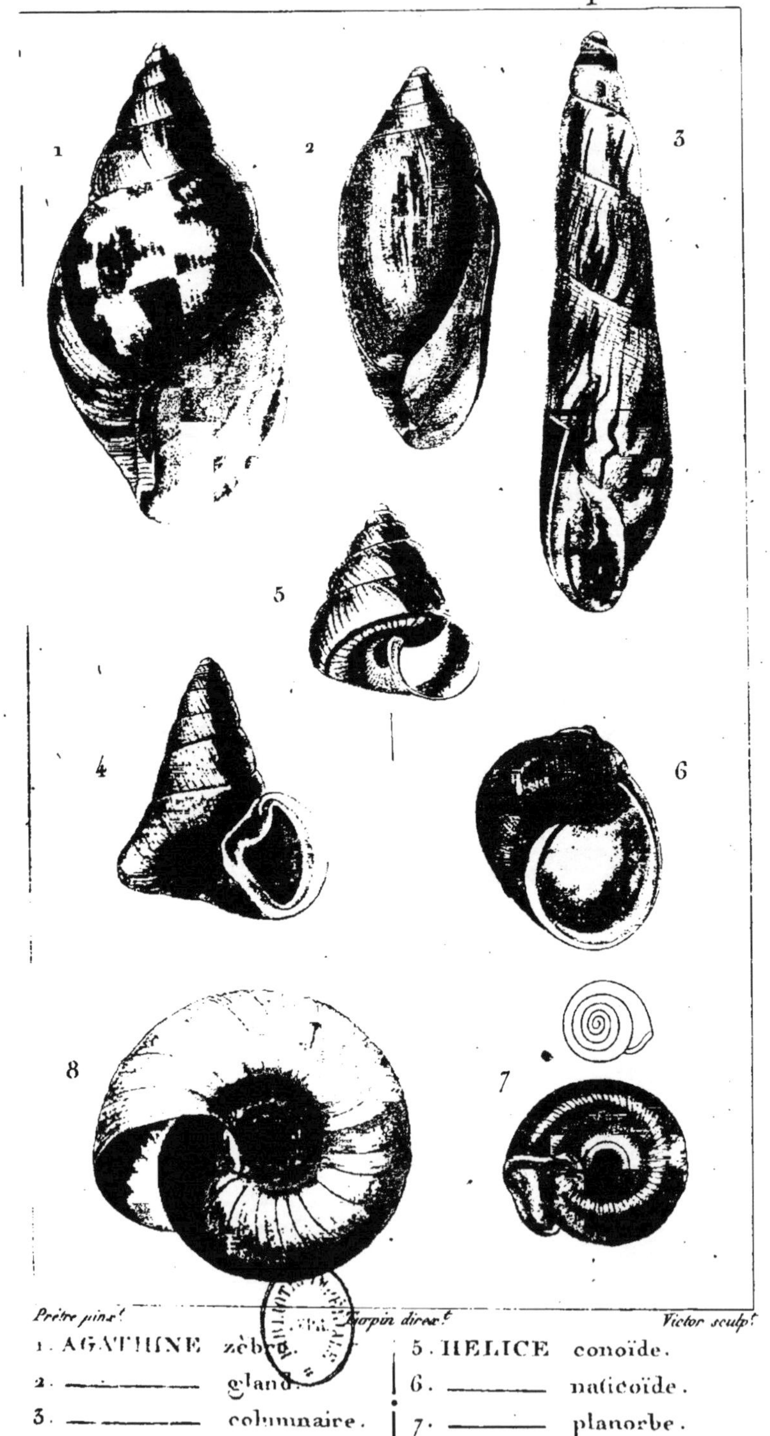

Prêtre pinx.t *Turpin direx.t* *Victor sculp.t*

1. AGATHINE zèbre.
2. ——— gland.
3. ——— columnaire.
4. MAILLOT bossu.
5. HELICE conoïde.
6. ——— naticoïde.
7. ——— planorbe.
8. ——— peson.

ZOOLOGIE.

PULMOBRANCHES. Limacinées.

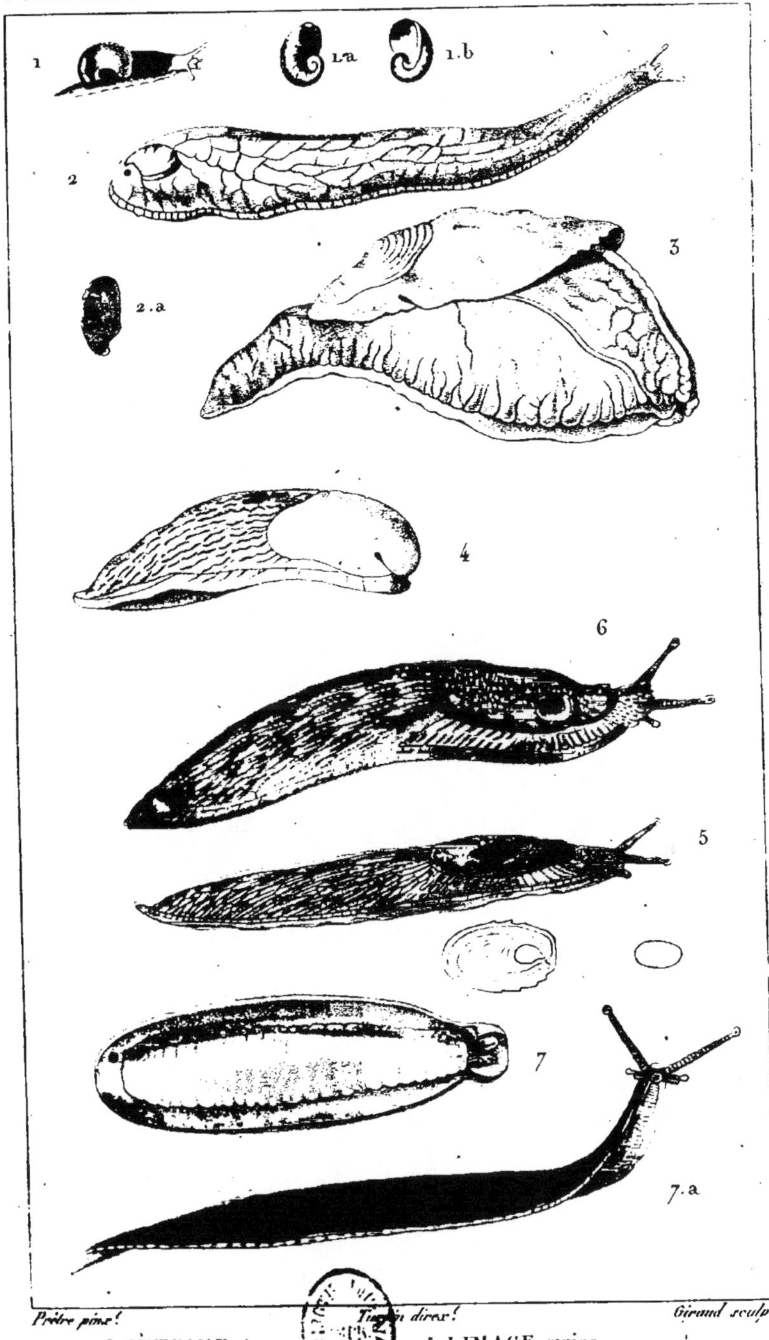

Prêtre pinx! *Turpin direx!* *Giraud sculp!*

1-1 a-1.b. VITRINE transparente.

2.2.a. TESTACELLE Ormier.

3. PARMACELLE d'Olivier.

4. LIMACELLE d'Elfort.

5. LIMACE grise.

6. LIMACE rouge.

7. ONCHIDIE (Veronicelle) lisse.

7.a. *La même* (Vaginule de Taunay)

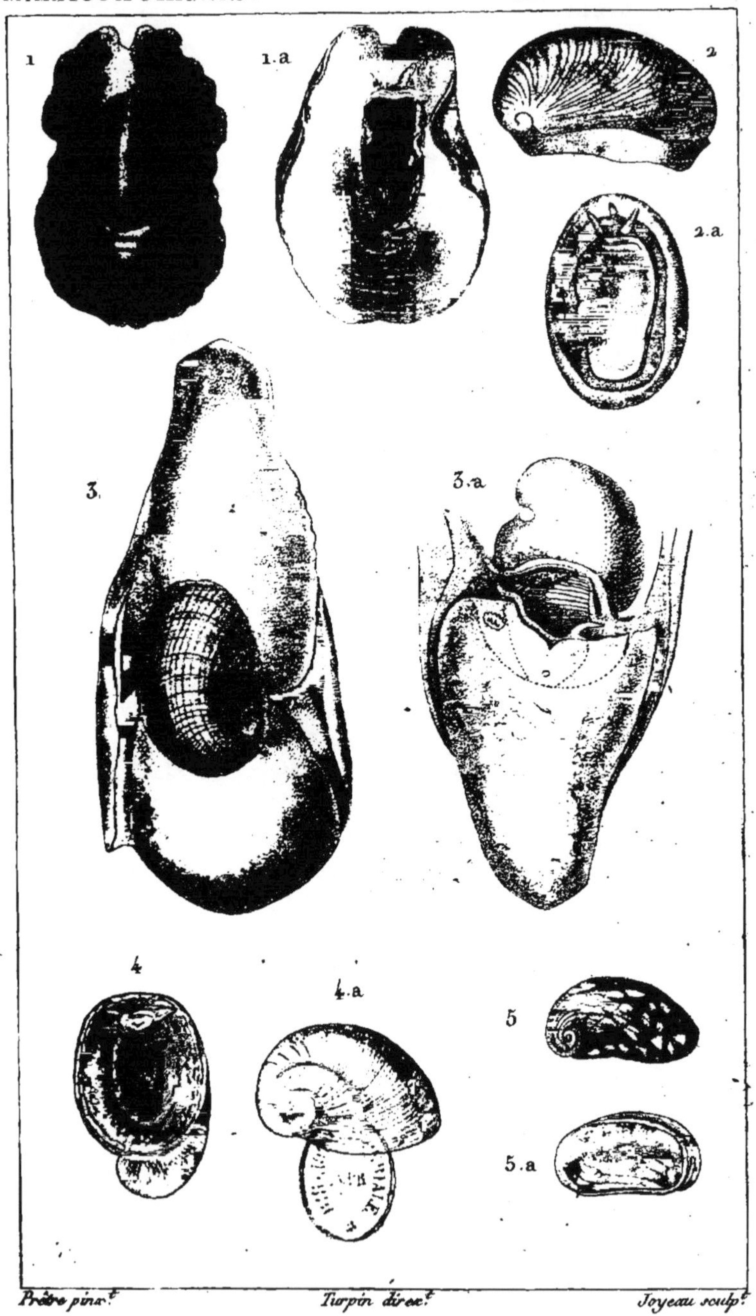

Prêtre pinx.t *Turpin direx.t* *Joyeau sculp.t*

1.1,a. CORIOCELLE noire. | 3.3,a. CRYPTOSTOME de Leach.

2.2,a. SIGARET convexe. | 4.4,a. VELUTINE capuloïde.

5.5,a. STOMATELLE auricule.

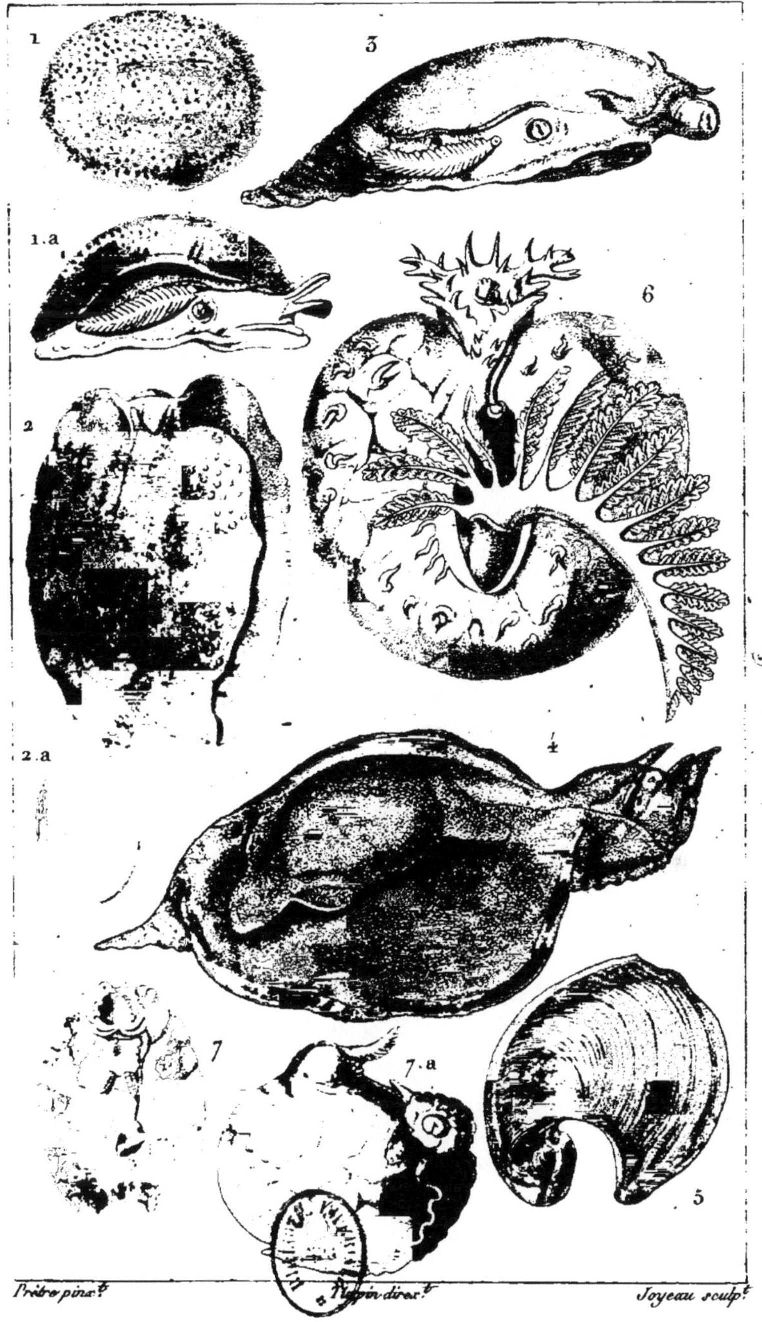

Prêtre pinx.t *Turpin direx.t* *Joyeau sculp.t*

1. 1,a. BERTHELLE poreuse.
2. PLEUROBRANCHE Lesueur.
3. PLEUROBRANCHIDIE Meckel
2, a. *La coquille du P.re Lesueur.*

4. APLYSIE dépilante.
5. *Coquille de la Dolabelle de Rumph.*
6. BURSATELLE Leach.
7. 7,a. NOTARCHE Cuvier.

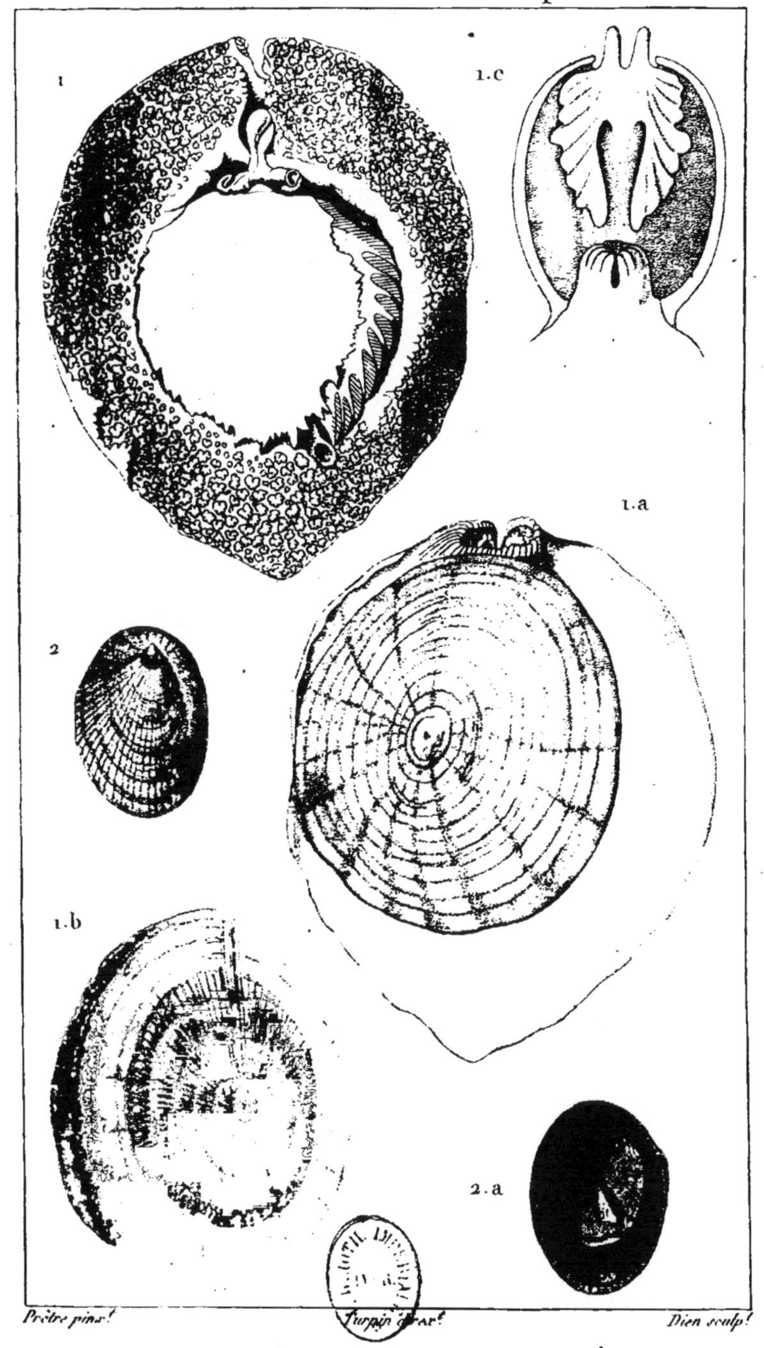

Prêtre pinx. *Turpin direx.* *Dien sculp.*

1. OMBRELLE chinoise *vue en dessus* 1.a. *La même vue en dessous et la coquille en dehors, telle qu'elle étoit sur l'individu observé.* 1.b. *Coquille de la même vue en dedans.* 1.c. *Avant bouche de l'Ombrelle chinoise.* 2. SIPHONAIRE de Lesson *en dehors.* 2.a. *Id. en dedans.*

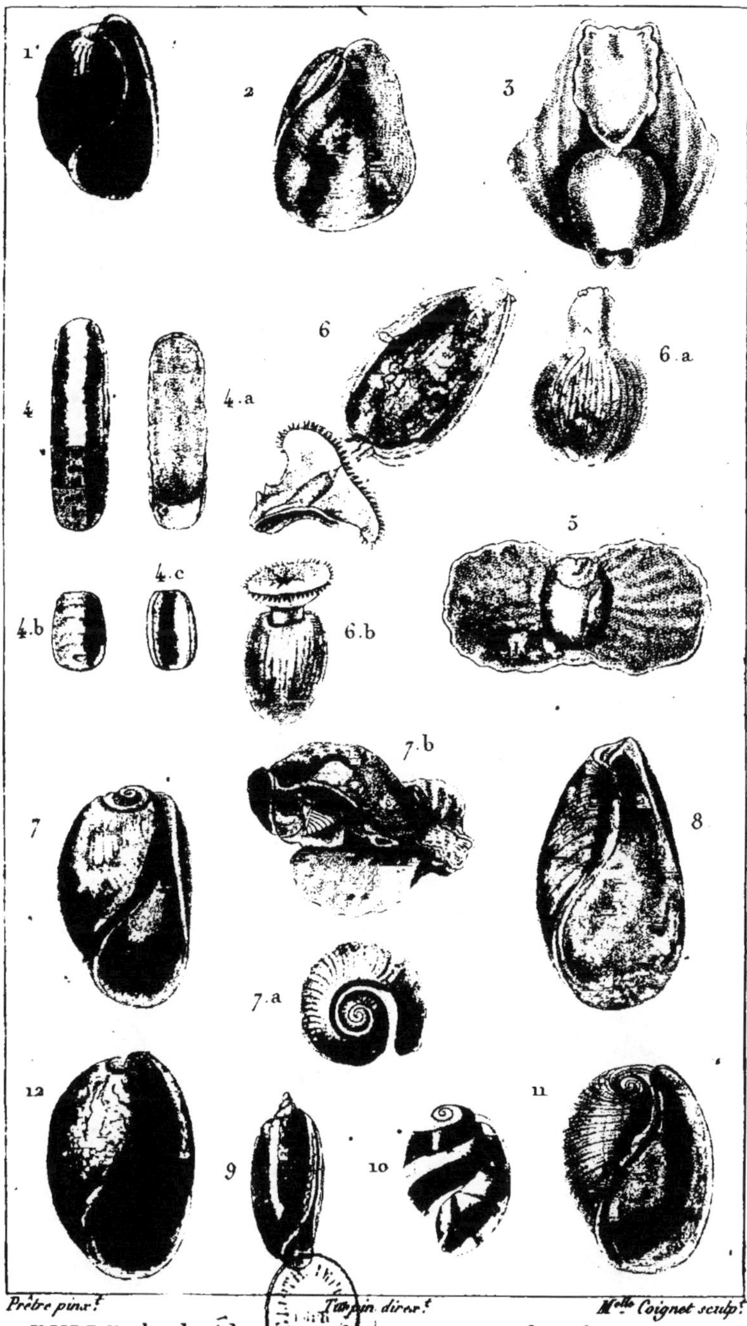

Prêtre pinx.t *Turpin direx.t* *M.elle Coignet sculp.t*

1. BULLE hydatide.
2. BULLÉE Plancienne.
3. LOBAIRE charnu.
4. SORMET d'Adanson.
5. GASTÉROPTÈRE de Meckel.
6. ATLAS de Péron.
7. BULLE fragile. 7.b *Son animal.*
8. ——— Oublie.
9. BULINE de la Jonkaire.
10. BULLE Banderolle.
11. ——— papyracée.
12. ——— Ampoule.

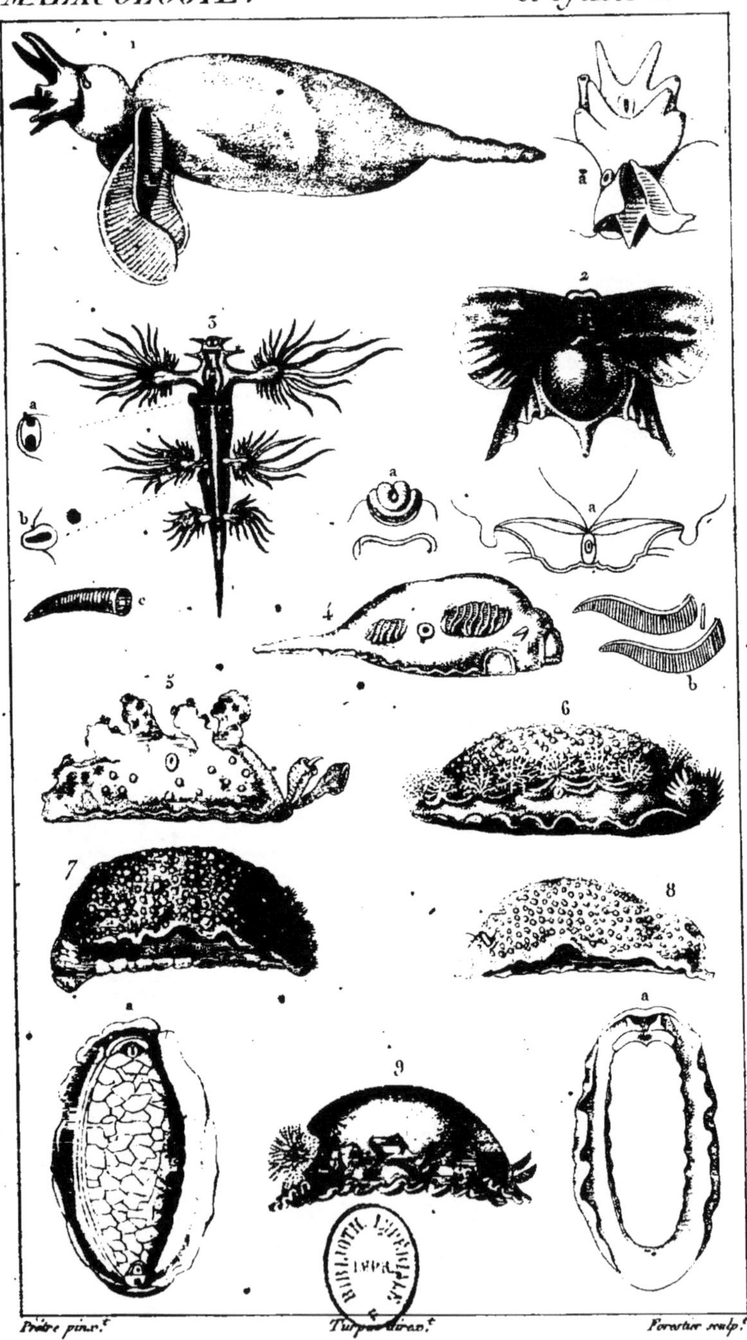

Prêtre pinx.t *Turpin direx.t* *Forestier sculp.t*

1. CLIO austral, *ayant ses tentacules développés.* a. *Sa tête vue en dessous.*
2. HYALE tridentée, *vue en dessous.* a. *Bord antérieur montrant la bouche.*
3. GLAUCUS atlanticus, *vu en dessous.* a. *Tubercule commun des organes de la génération.* b. *Anus.* c. *Une des lanières.* 4. L'ANIOGÈRE d'Elfort, *vu à droite.* a. *Sa bouche.* b. *Lanières branchiales.*
5. SCYLLÉE pélagique, *vue à droite.* 6. TRITONIE de homberg, *vu à droite.*
7. ONCHIDIE de péron. a. *Vue en dessous.* 8. ONCHIDORE de leach. a. *Vue en dessous.*
9. DORIS argo.

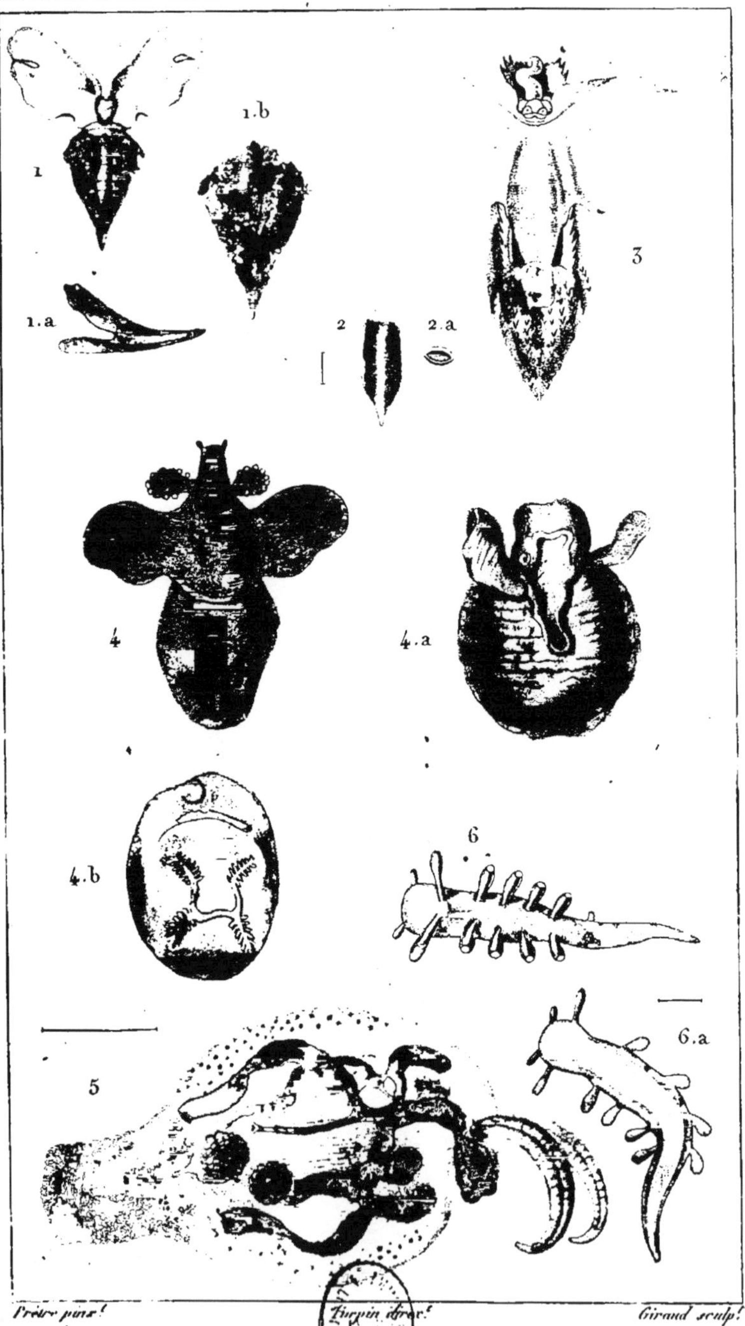

Prêtre pinx! *Turpin direx!* *Giraud sculp!*

1. CLÉODORE de Browne. 1.a. 1.b. *Sa ......*
.. VAGINELLE de Bordeaux.
2.a. *La même du côté de l'ouverture.*
3. CYMBULIE de Péron.

4. PNEUMODERME de Péron *en dessus.*
4.a. *En dessous, la tête rentrée.* 4.b. *En arrière.*
5. PHYLLIROE bucéphale.
6. TERGIPÈDE lacinulé *en dessus.* 6.a. *en dess!*

ZOOLOGIE.

MALACOZOAIRES. Polybranches *et* Cyclobranches.

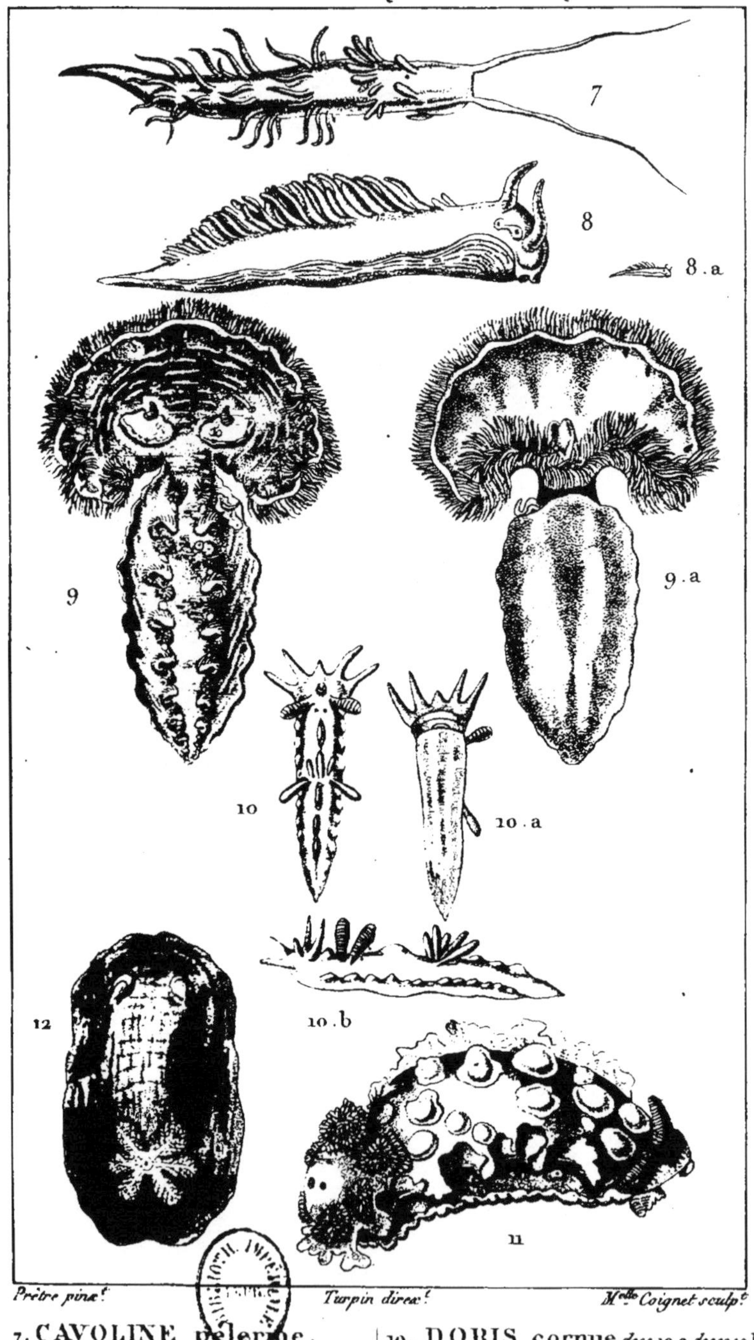

Prêtre pinx.t *Turpin direx.t* *M.elle Coignet sculp.t*

7. CAVOLINE pélerine.
8. EOLIDE de Cuvier. 8.a *gr. nat.*
9. TETHYS léporine *dess.* 9.a *desso.*
10. DORIS cornue *dess.* 10.a *desso.* 10.b *prof.*
11. ——— laciniée.
12. ——— semelle.

ZOOLOGIE.

MALACOLOGIE.

Inférobranches et Nucléobranches.

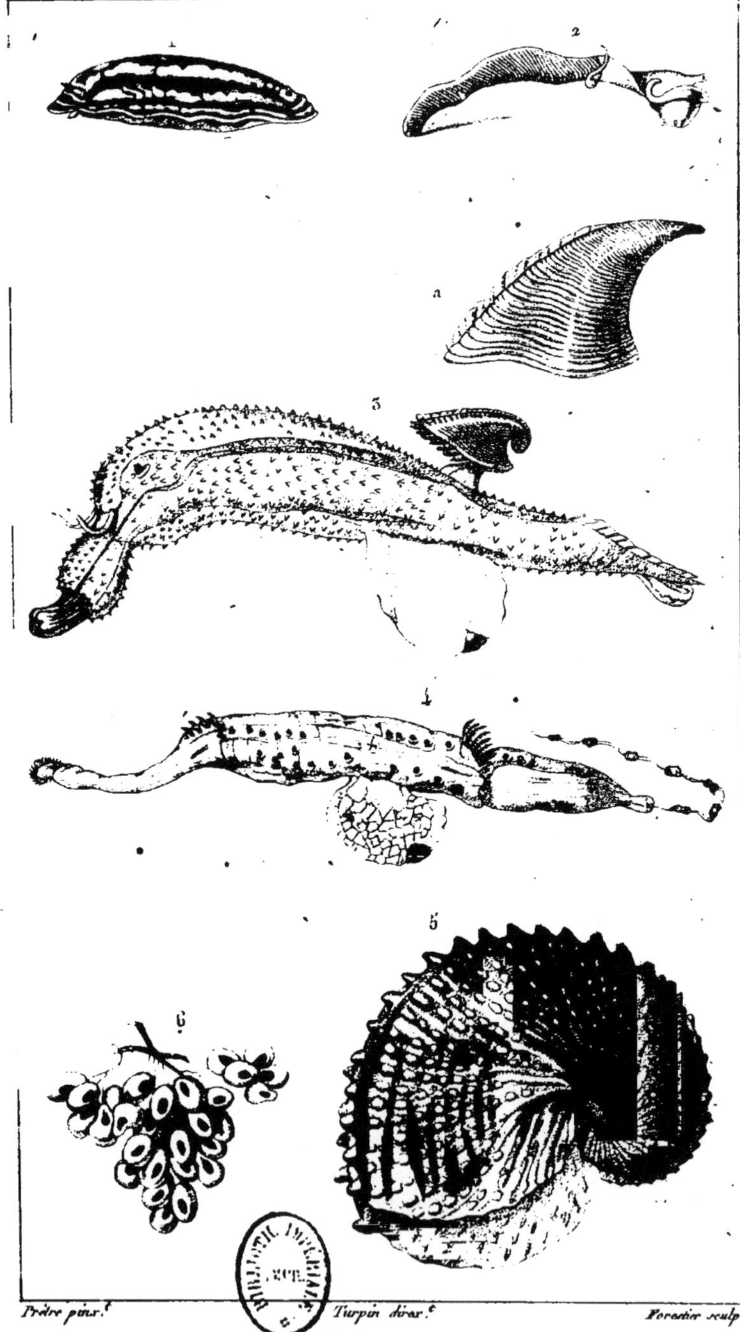

Prêtre pinx.t *Turpin direx.t* *Forestier sculp.t*

1. PHYLLIDIE à trois lignes.
2. LINGUELLE d'Elfort.
3. CARINAIRE de la Méditerranée, *a. coquille de la C. vitrée.*
4. FIROLE de Frédéric. *(Le Sueur.)*
5. Coquille *de L'ARGONAUTE.*
6. Œufs *de POULPE, trouvés dans une coquille D'ARGONAUTE.*

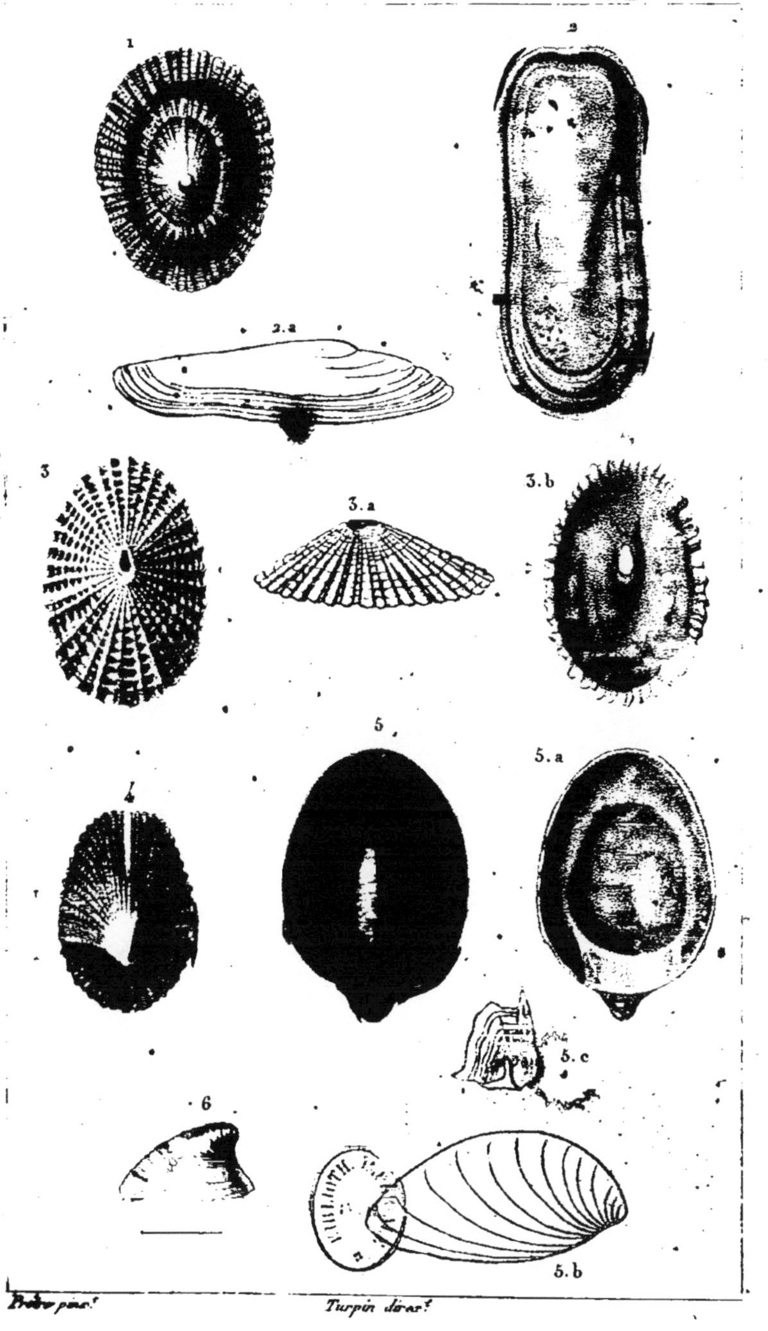

Prêtre pinx. *Turpin direx.*

1. PATELLE vulgaire. 2. PARMAPHORE allongée, *vue en dessus.* 2.a *Profil.* 3. FISSURELLE de Grèce. 3.a *Id. vue de profil.* 3.b. *Id. vue en dedans.* 4. EMARGINULE conique. 5. SEPTAIRE de l'île de Bourbon. 5.a *Id. vue en dedans* 5.b. *Id. vue de profil.* 5.c. *Opercule.* 6. ANCILLE fluviatile.

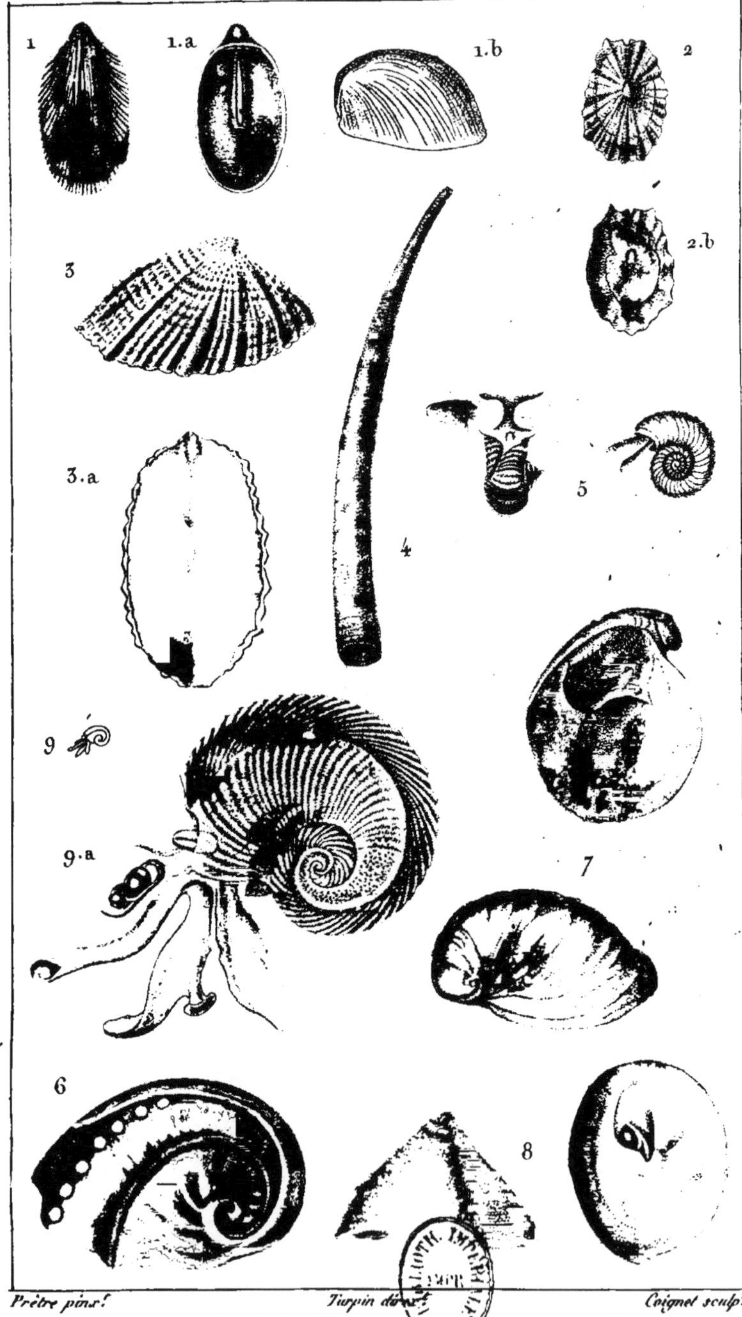

Prêtre pinx. *Turpin direx.* *Coignet sculp.*

1.1.a.1.b. RIMULE de Blainville. | 5. SPIRATELLE limacine.
2.2.b. EMARGINULE déprimée. | 6. HALIOTIDE canaliculée.
3.3.a. ———— échancrée. | 7. CRÉPIDULE subspirée.
4. DENTALE lisse. | 8. CALYPTRÉE Eteignoir.

9. ATLANTE de Péron.

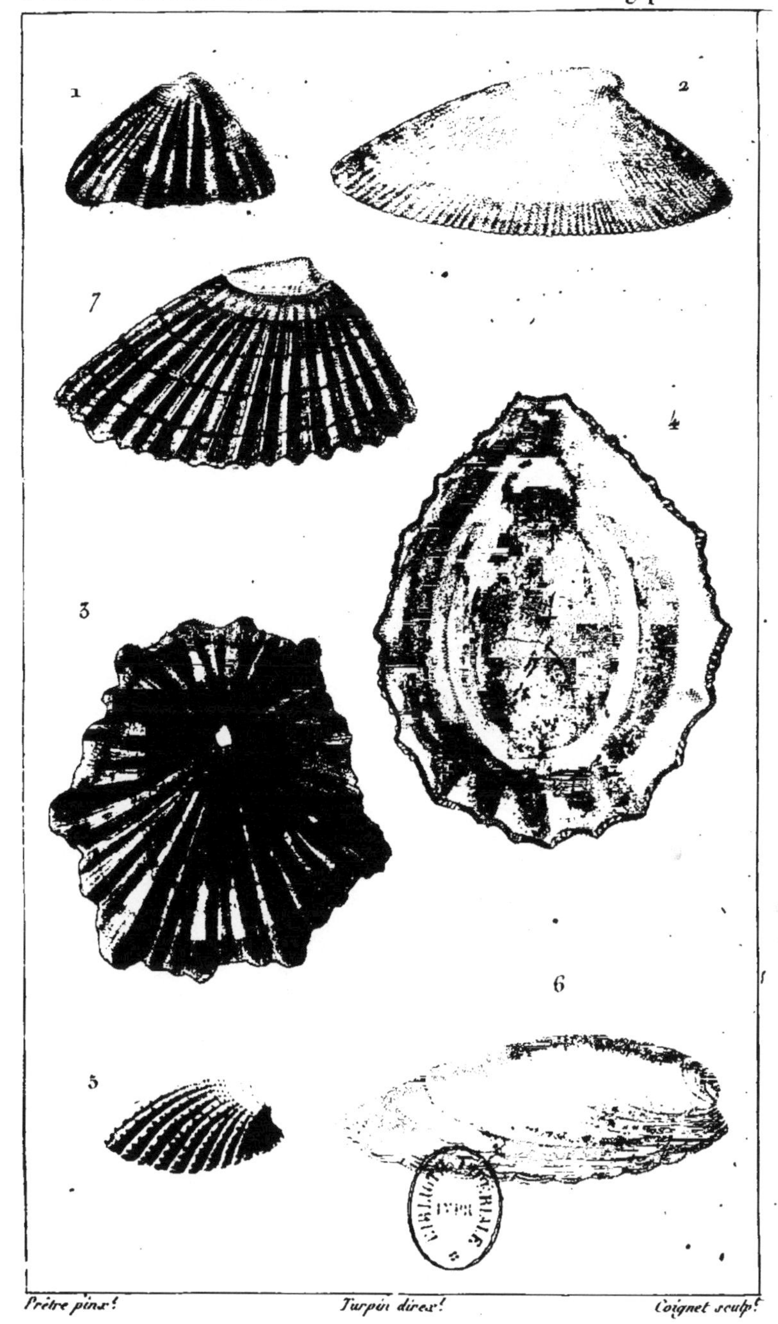

Prêtre pinx.t *Turpin direx.t* *Coignet sculp.t*

1. PATELLE vulgaire.
2. ——— en bateau.
3. ——— scutellaire.
4. PATELLE en cuiller.
5. ——— pectinée.
6. ——— cymbulaire.
7. PATELLE rouge dorée.

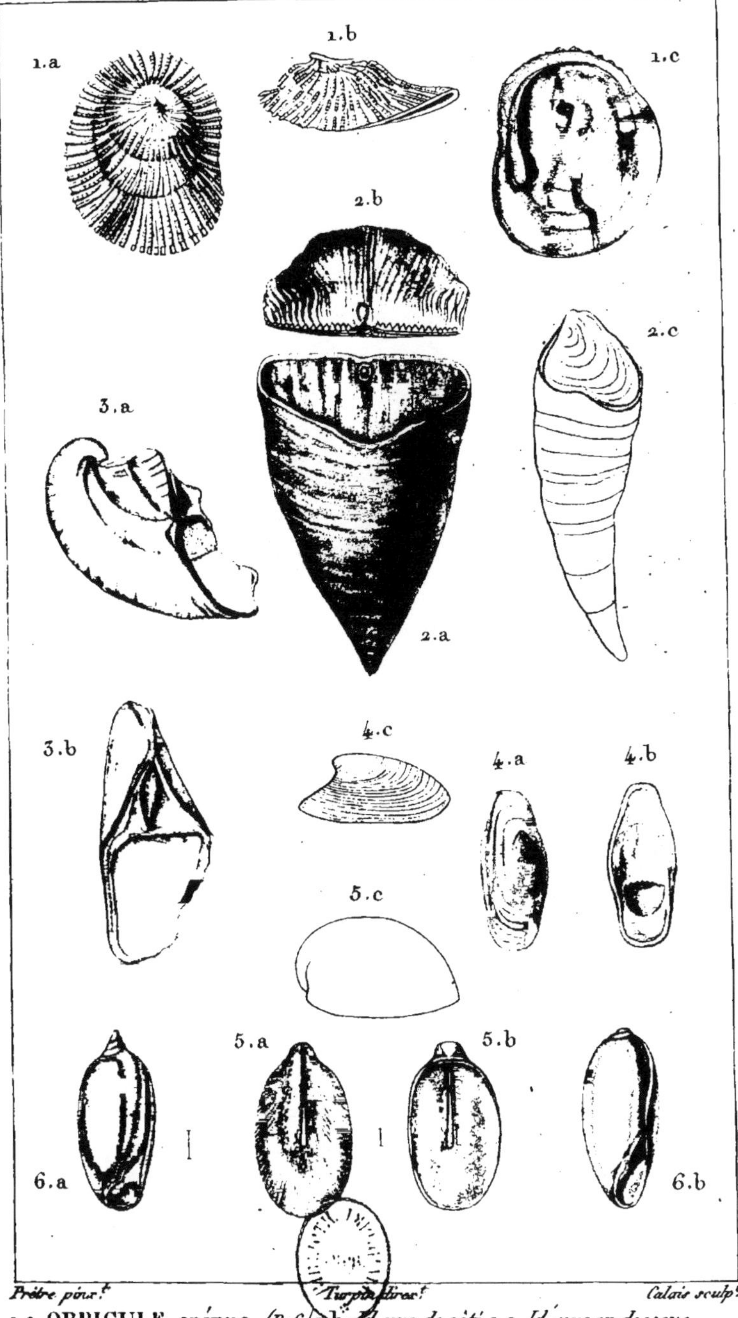

Prêtre pinx.t *Turpin direx.t* *Calais sculp.t*

1.a. ORBICULE crépue. *(Def.)* 1.b. *Id. vue de côté.* 1.c. *Id. vue en dessous.*

2.a. CALCÉOLE sandaline. *(Lam.)* 2.b. *Son opercule.* 2.c. *La coquille vue de côté.*

3.a. OPIS cardissoïde. *(Def.) Seule portion connue.* 3.b. *Id. vue de face.*

4.a. PILÉOLE de Hauteville. *(Def.)* 4.b. *Id. vu en dessous.* 4.c. *Id. vu de côté.*

5.a. RIMULE fragile *grossie. (Def.)* 5.b. *Id. vue en dedans.* 5.c. *Id. vue de côté.*

6.a. BULINE de la Jonkaire *grossie. (Bast.)* 6.b. *Id. vue de côté.*

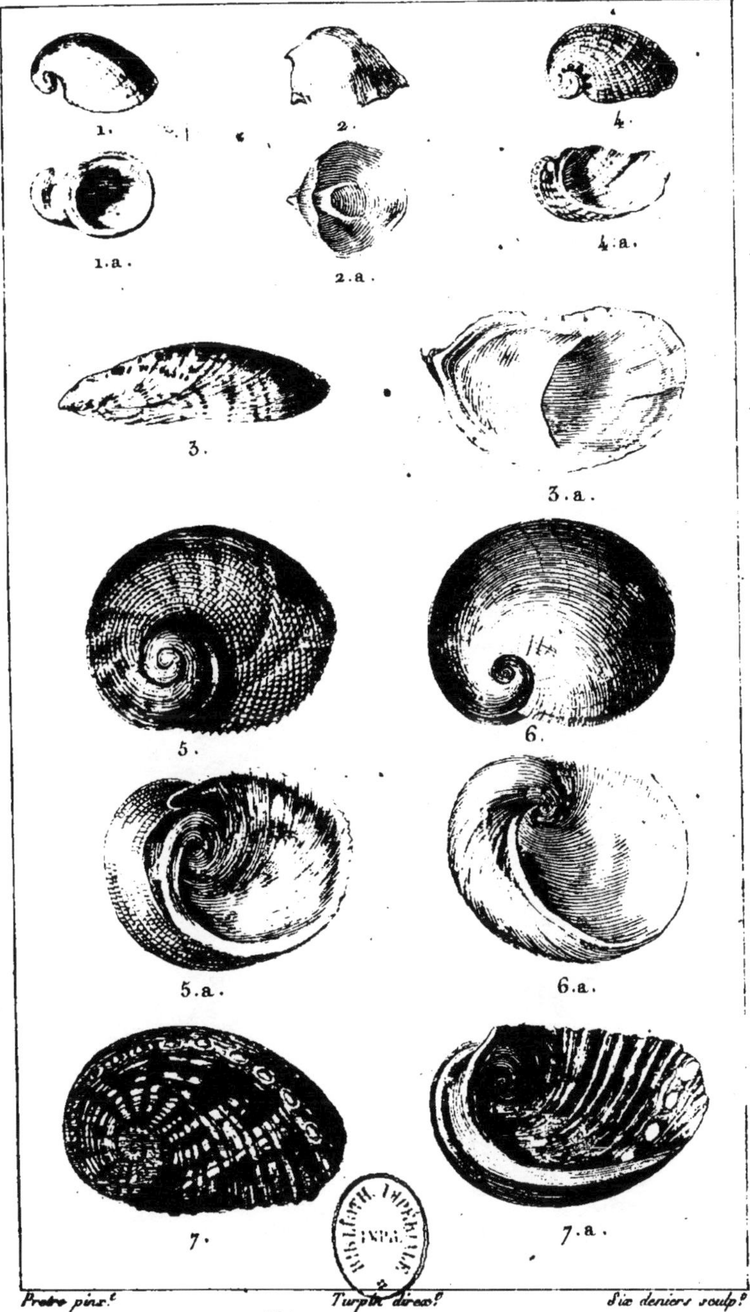

Pretre pinx.t Turpin direx.t Six deniers sculp.t

1. CABOCHON tortillé. 1.a. *Id. vue du côté de la bouche.*
2. CALYPTRÉE équestre. 2.a. *Id. vue du côté de la bouche.*
3. CRÉPIDULE porcellane. 3.a. *Id. vue du côté de la bouche.*
4. STOMATE nacrée. 4.a. *Id. vue du côté de la bouche.*
5. STOMATELLE imbriquée. 5.a. *Id. vue du côté de la bouche.*
6. SIGARET concave. 6.a. *Id. vue du côté de la bouche.*
7. HALIOTIDE à côtes. 7.a. *Id. vue du côté de la bouche.*

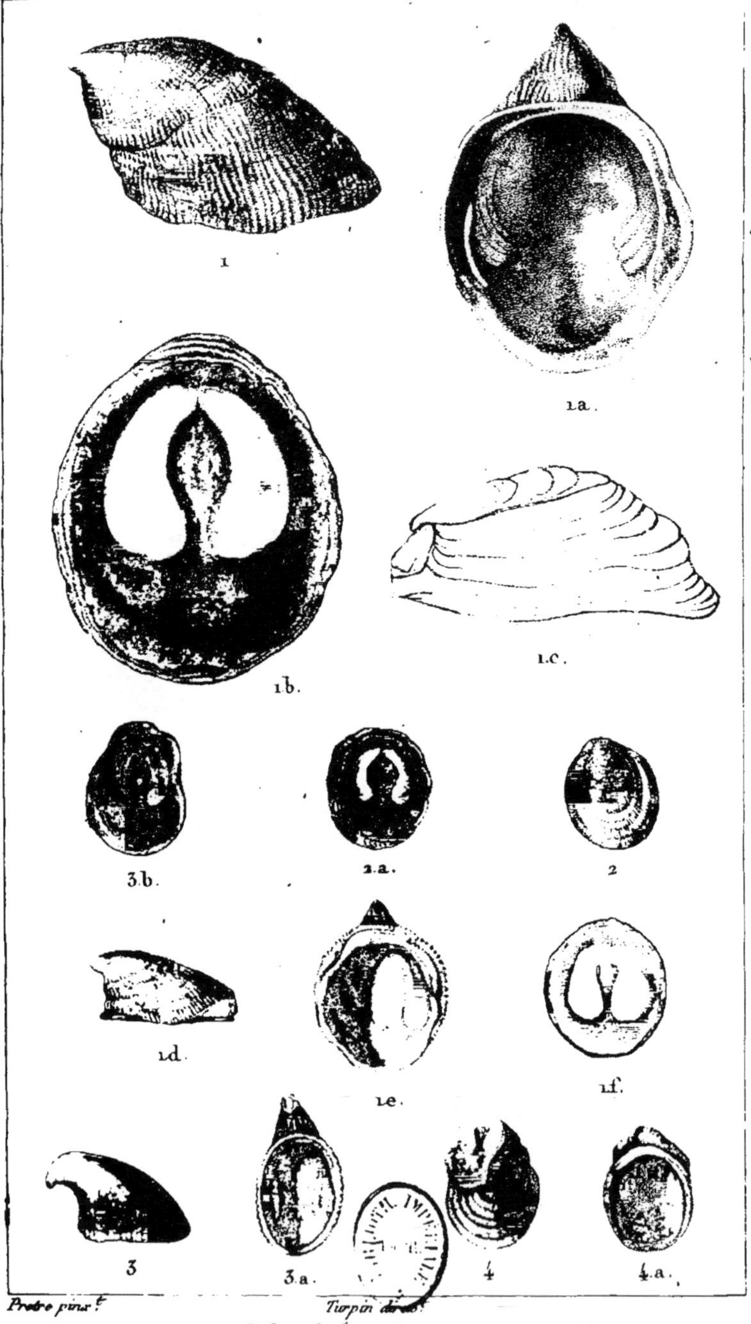

Prêtre pinx.t *Turpin direx.*

1. HIPPONICE corne-d'abondance. *(Def.)* 1.a. *Id. vue du côté de la bouche.* 1.b. *Son support vu en dedans.* 1.c. *Id. vu de profil.* 1.d. *La même espèce posée sur le support où elle a été trouvée.* 1.e. *Id. vue en dedans.* 1.f. *Le support vu en dedans.*

2. HIPPONICE de sowerby. *(Def.)* 2.a. *Son support présumé vu en dedans.*

3. HIPPONICE dilatée. *(Def.)* 3.a. *Id. vue en dedans.* 3.b. *Son support présumé vu en dedans.*

4. HIPPONICE mitrale. *(Def.)* Patella *mitrata. (Gue.) Coq. non fossile sur laquelle se trouve attaché un support.*

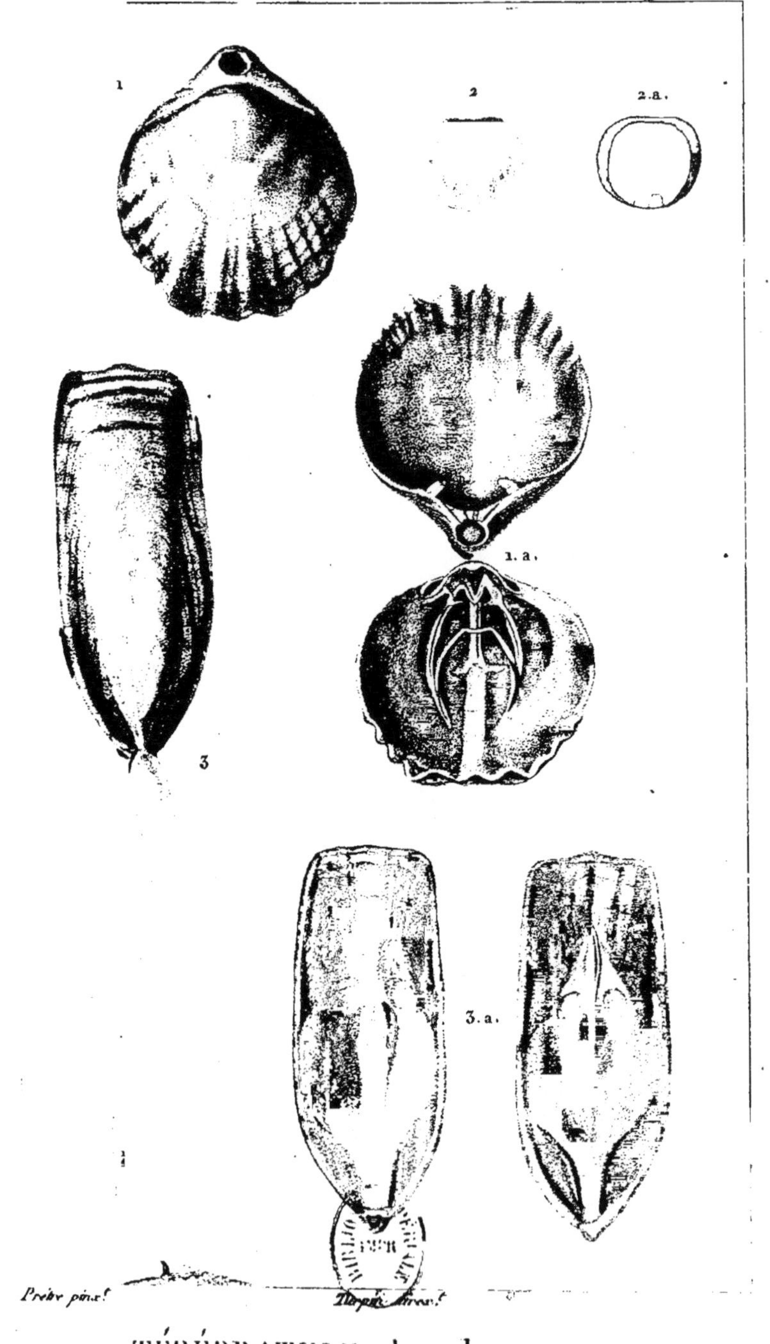

Prêtre pinx.t *Turpin direx.t*

1. TÉRÉBRATULE dorsale. 1.a. *Id. ouverte.*

2. ORBICULE de la Norwège. 2.a. *Id. vue en dedans.*

3. LINGULE anatine, *portée par son pédoncule.* 3.a. *Id. valves ouvertes.*

ZOOLOGIE.

CONCHYLIOLOGIE. Palliobranches.

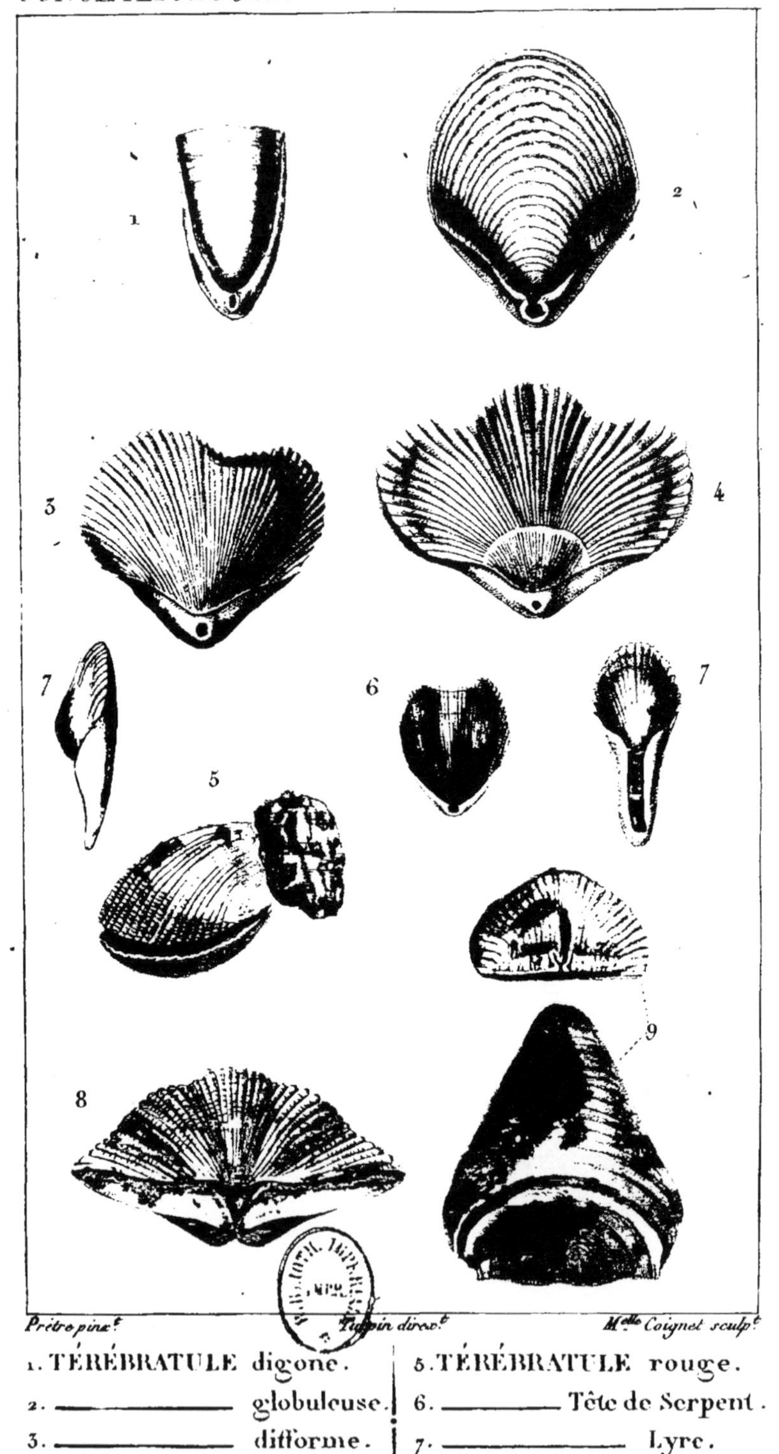

Prêtre pinx.t *Turpin direx.t* *Melle Coignet sculp.t*

1. TÉRÉBRATULE digone.
2. ——— globuleuse.
3. ——— difforme.
4. ——— ailée.
5. TÉRÉBRATULE rouge.
6. ——— Tête de Serpent.
7. ——— Lyre.
8. ——— canalifère.
9. CALCÉOLE Sandaline.

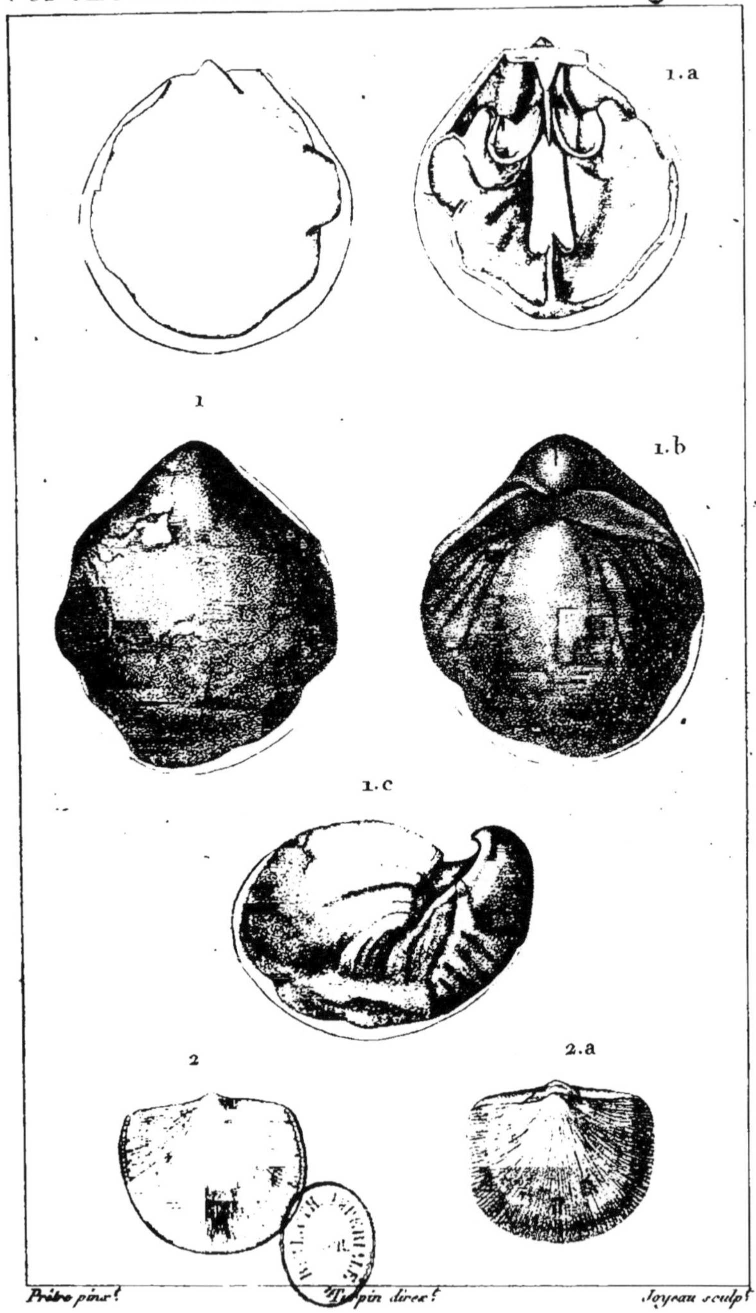

Prêtre pinx.t *Turpin direx.t* *Joyeau sculp.t*

1. STRYGOCÉPHALE de Burtin. *(Def.) Grandes valves vues en dessus.*

1.a. *Partie des deux valves vues en dedans.* 1.b. *Id. vue du côté du crochet.* 1.c. *Id. vue de côté.*

2. STROPHOMÈNES rugosa. *(Rafin.) vue en dessous.* 2.a. *Id. vue en dessus.*

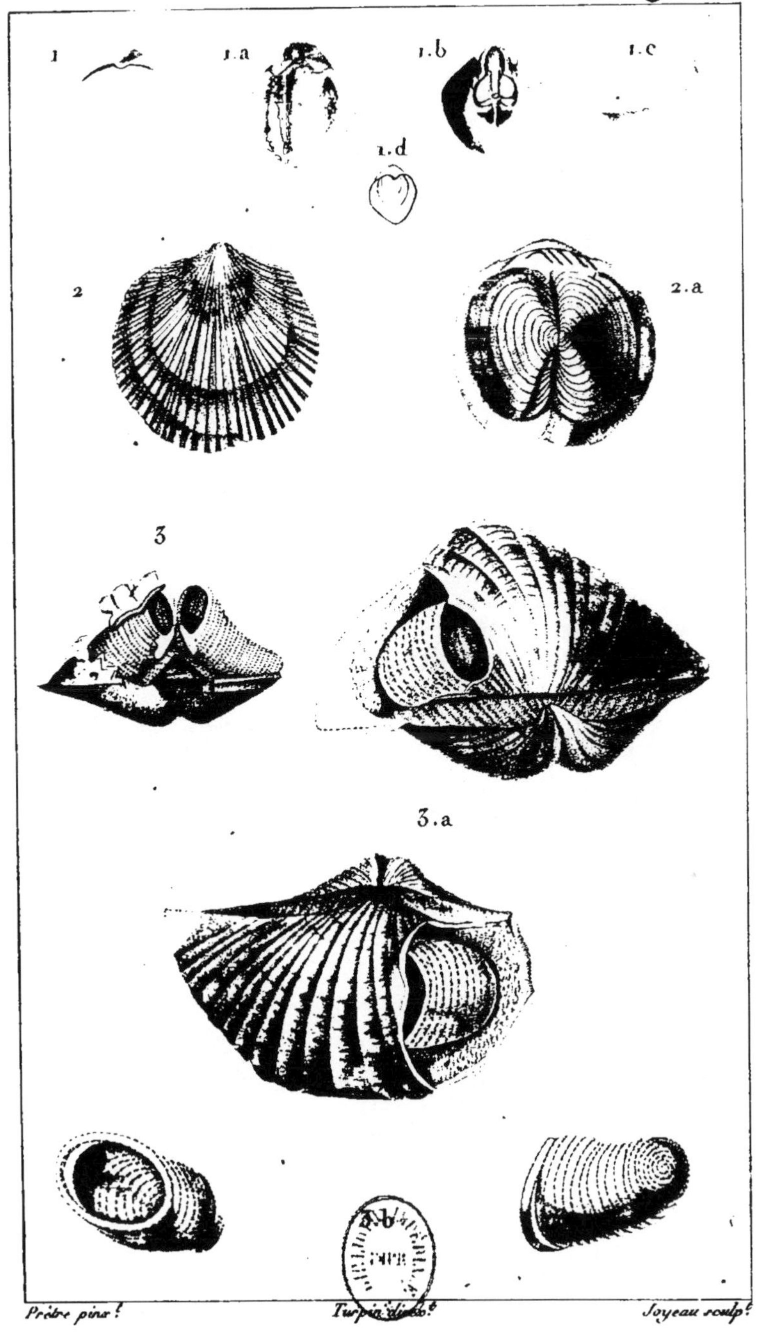

Prêtre pinx! Turpin direx! Joyeau sculp!

1. MAGAS pumilus. (Sow.) 1.a. Id. grande valve vue en dedans. 1.b. Petite valve vue en dedans. 1.c. Id. vue de côté. 1.d. Id. grandeur naturelle.

2. SPIRIFER de Sowerby. (Def.) vu en dessus. 2.a Id. vu en dedans.

3. SPIRIFER trigonalis. (Sow.) vu en dedans. 3.a. Id vu en dehors et partie en dedans. 3.b. Les deux corps cylindriques séparés.

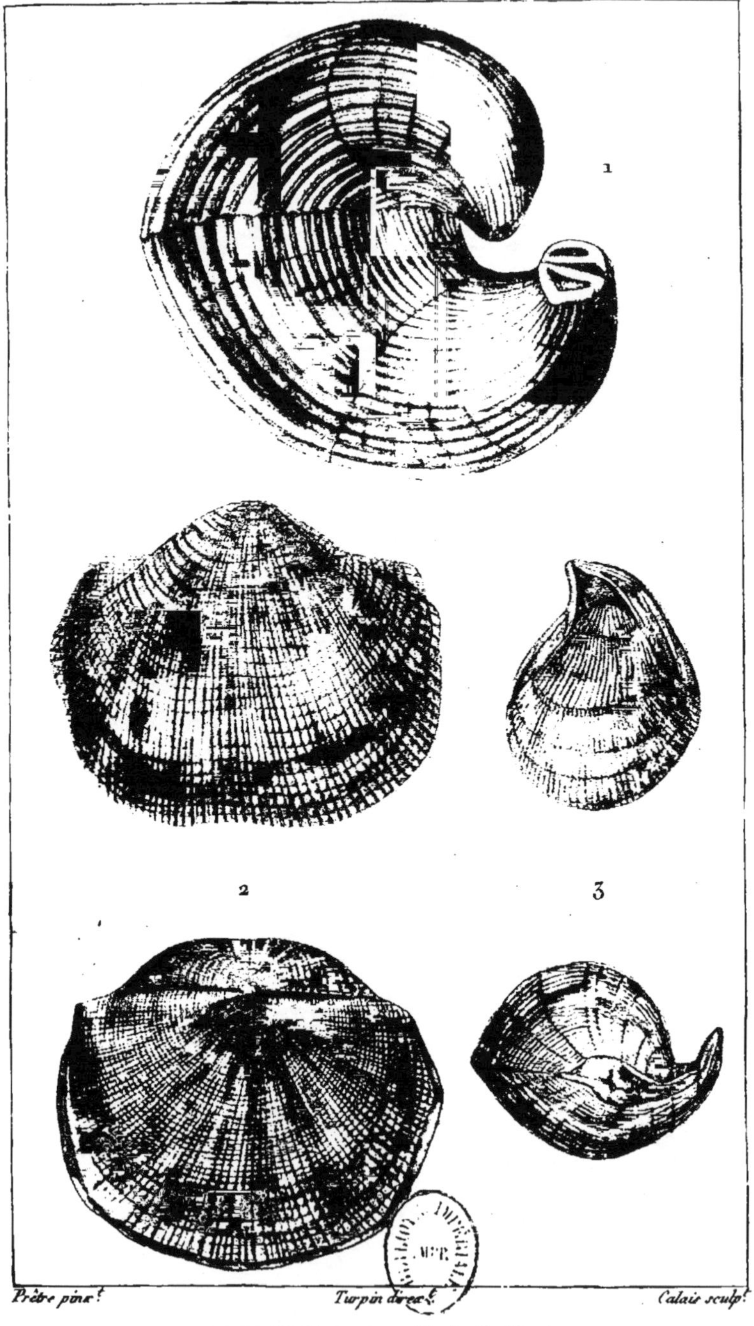

Prêtre pinx.t *Turpin direx.t* *Calais sculp.t*

1. PENTAMERUS Knightii. *(Sow.)*
2. PRODUCTUS Martini. *(Sow.)*
3. UNCITE gryphoïde. *(Def.)*

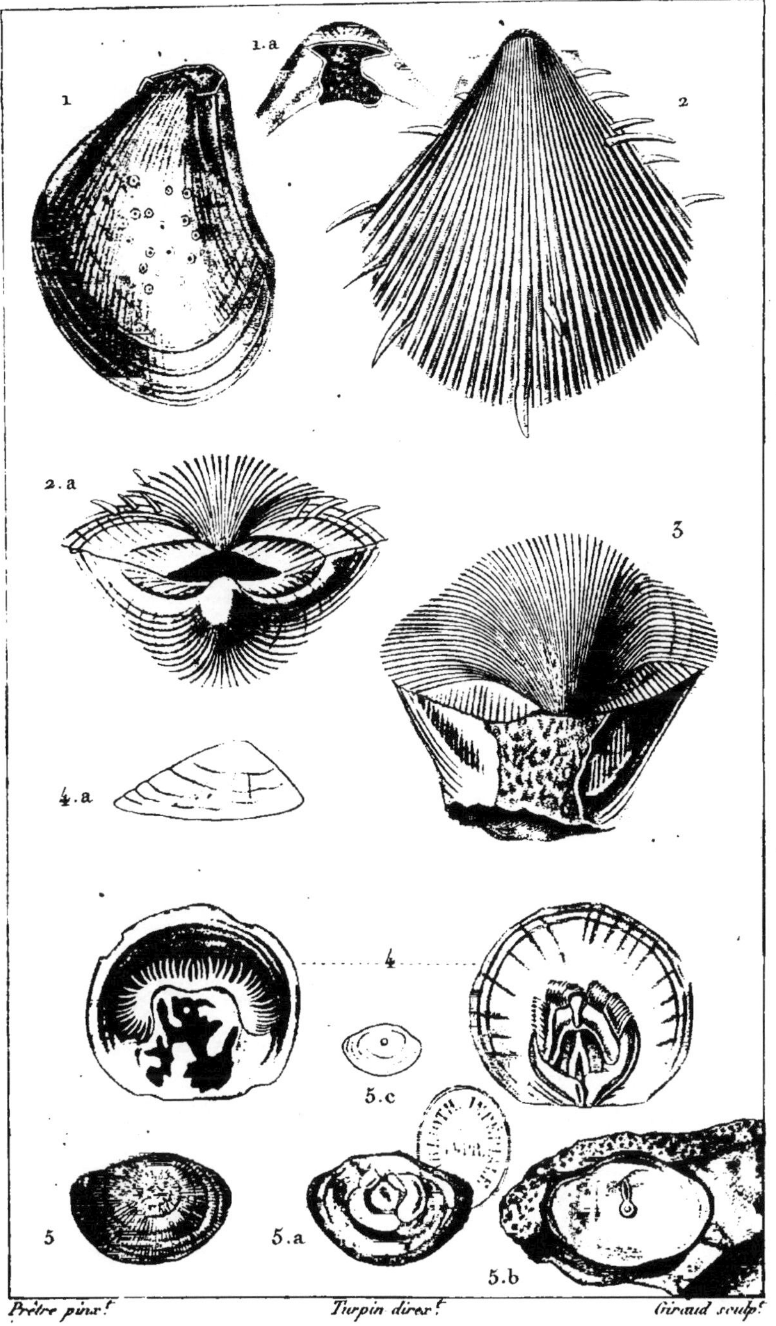

Prêtre pinx.t *Turpin direx.t* *Giraud sculp.t*

1. DIANCHORE striée. | 3. PODOPSIDE tronqué.
2. PLAGIOSTOME épineux. | 4. ORBICULE lisse.
5. ORBICULE de Norwège.

ZOOLOGIE.

CONCHYLIOLOGIE. *Fossiles.* sub-Ostracées, Lingulacées.

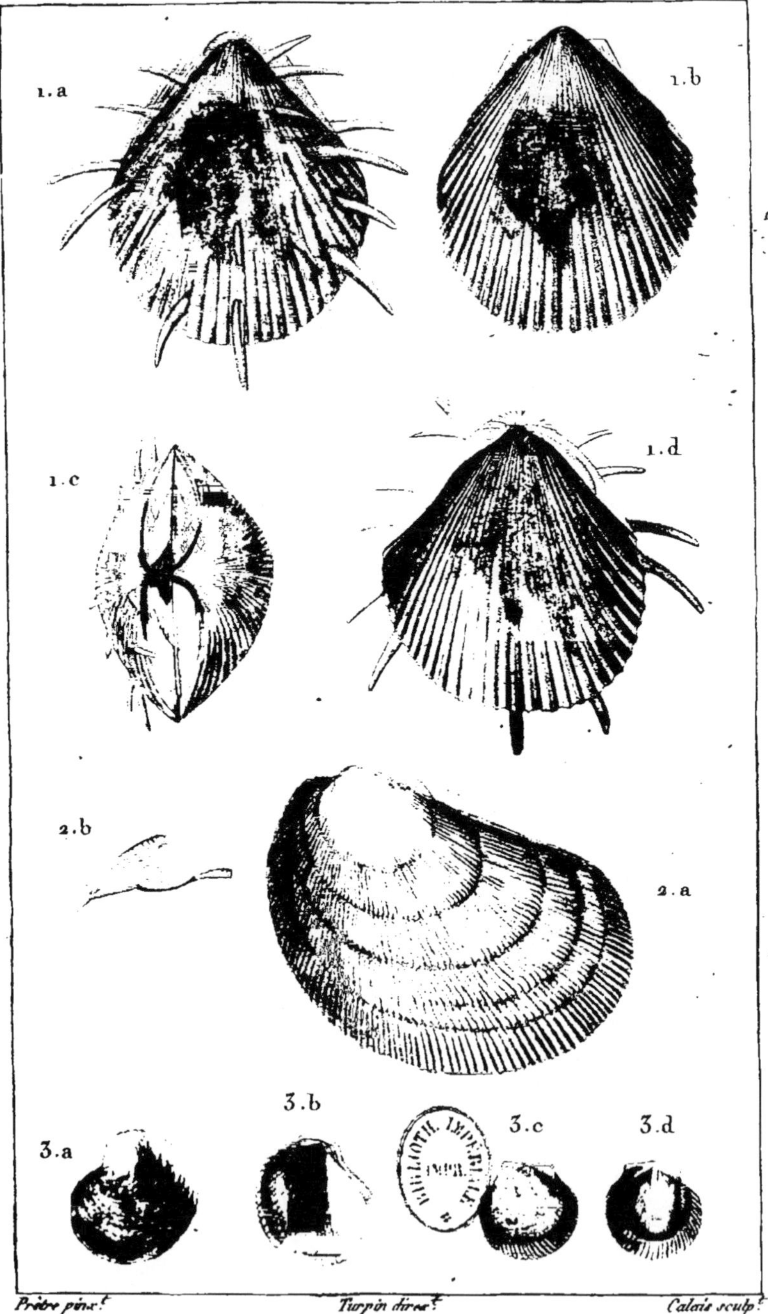

Prêtre pinx.t *Turpin direx.t* *Calais sculp.t*

1.a. PLAGIOSTOME épineux *(Sow.) vu du côté des épines.* 1.b. *Id. vu de l'autre face.* 1.c. *Id. vu du côté des sommets.* 1.d. *Id. vu en dedans.*

2.a. PACHYTE ponctué *(Def.)* 2.b. *Id. vu du côté de la charnière.*

3.a. DIANCHORE bordé *(Def.) vu en dessous.* 3.b. *Id. vu en dedans.* 3.c. *Id. vu en dessus.* 3.d. *Id. valve supérieure vue en dedans.*

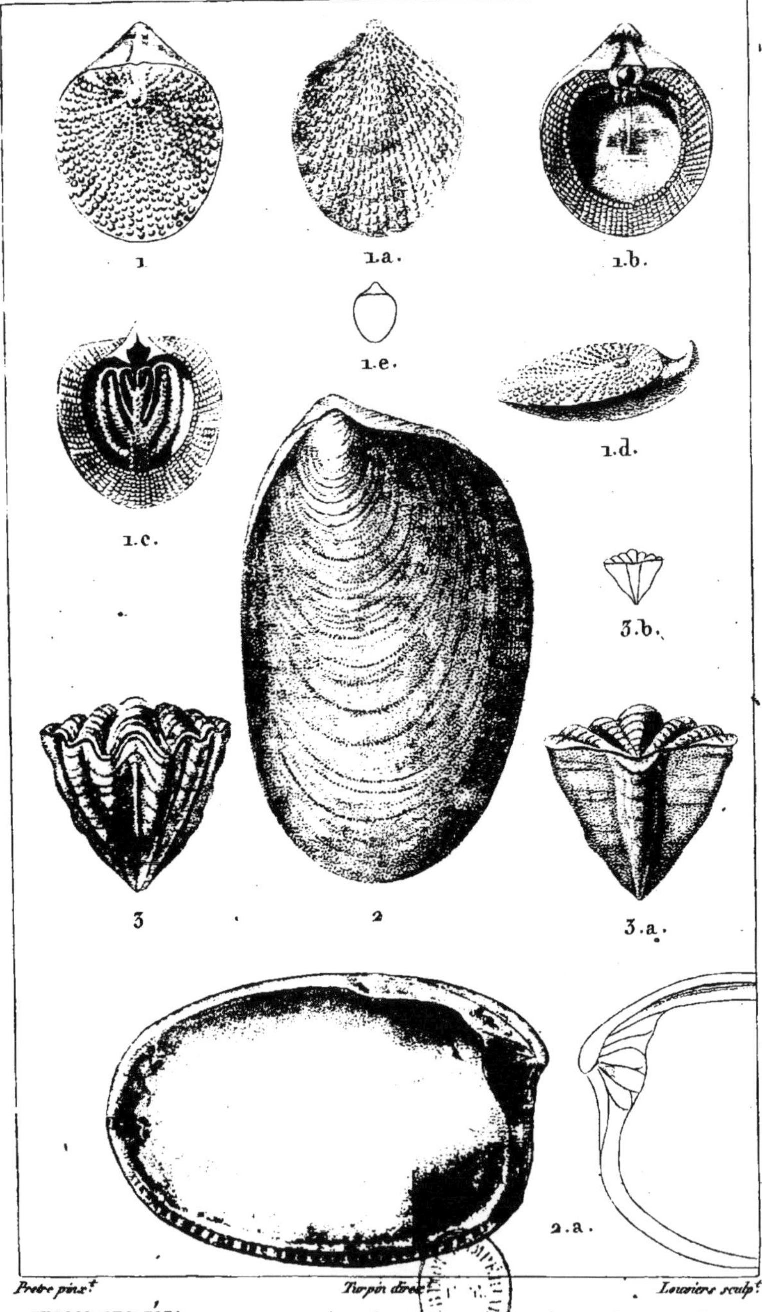

Pretre pinx.t Turpin direx.t Louviers sculp.t

1. THECIDÉE rayonnante. *(Def.) Vue en dessus. 1. a Id. vue en dessous. 1. b. Valve inférieure, vue en dedans. 1. c. Valve supérieure, vue en dedans. 1. d. La même coquille vue de profil. 1. e. Grand. nat.*

2. CYPRICARDE modiolaire. *(Lam.) 2. a Id. ouverte et vue en dedans.*

3. CALCÉOLE. hétéroclite. *(Def.) Vue par devant. 3. a Id. vue par derrière. 3. b Id. de Grand. nat.*

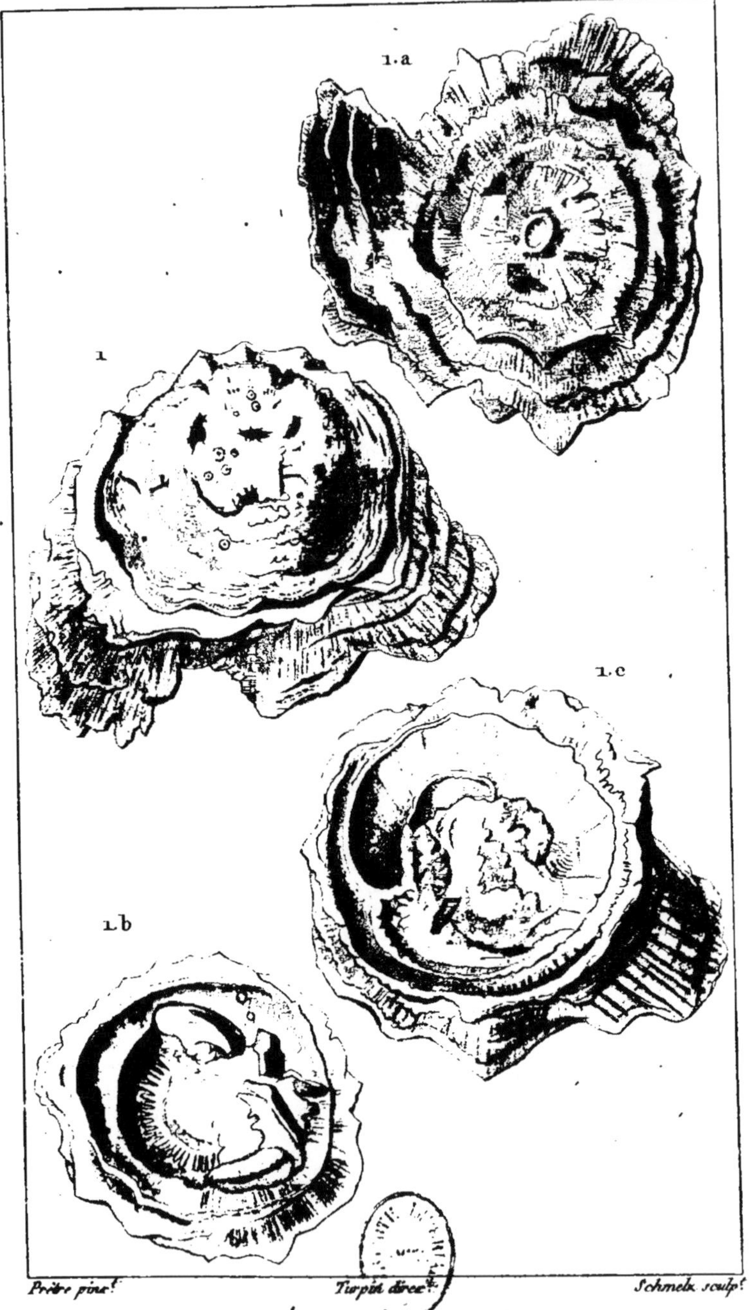

Prêtre pinx.t Turpin direx.t Schmelz sculp.t

1. SPHÉRULITE foliacée. (Lam.)

1.a. *Id. vue en dessous.* 1.b *et* 1.c. *Id. vue intérieurement.*

ZOOLOGIE.

CONCHYLIOLOGIE. *Fossiles.* Rudistes. Orthocéracées.

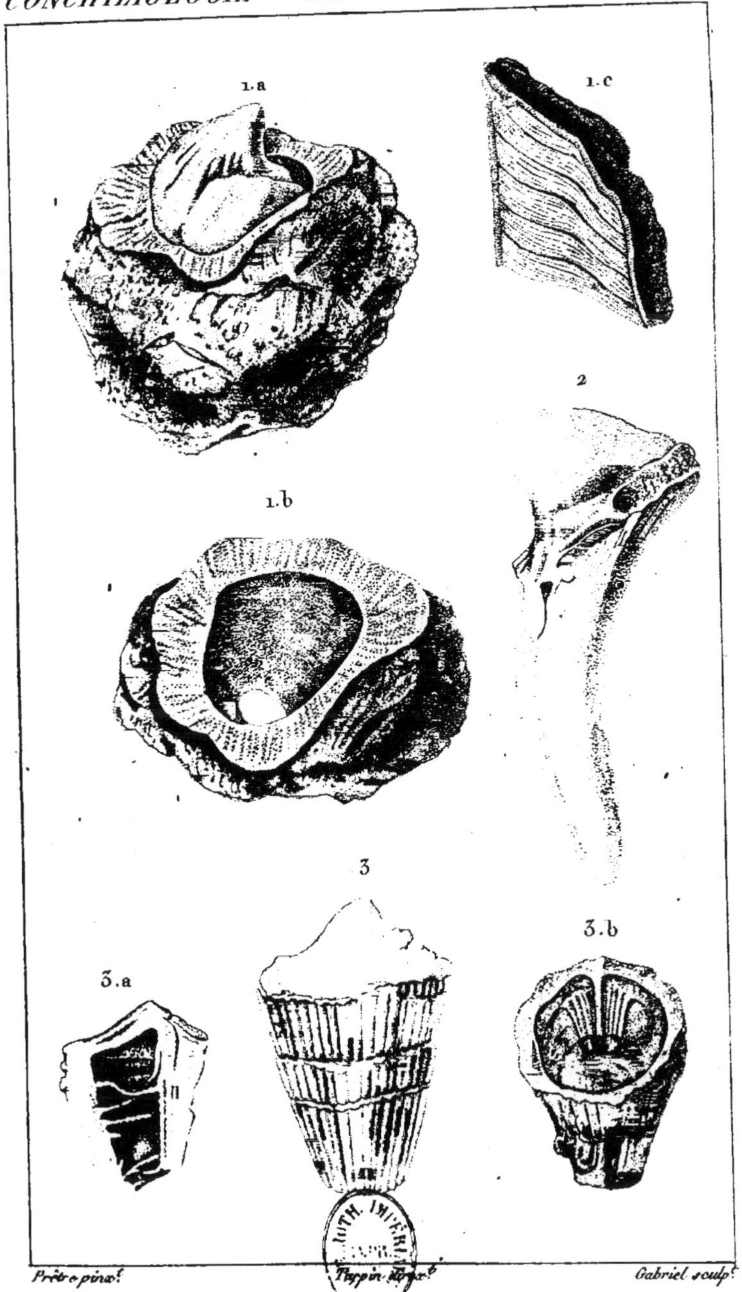

Prêtre pinx. *Turpin direx.* *Gabriel sculp.*

1. JODAMIE Duchâtel. *(Def.) Valve infre et adhte depuis Birostrite (Lam.)*

1.a. *Id. vue d'une partie du moule intr.* 1.b. *Vue intre de la valve infre* 1.c. *Id. Portion du test vue intr.*

2. JODAMIE bilingue. *(Def.) Moule intérieur.*

3. RADIOLITE turbinée. *(Lam.) vue extérent* 3.a *et* 3.b. *deux autres valves vues intr.*

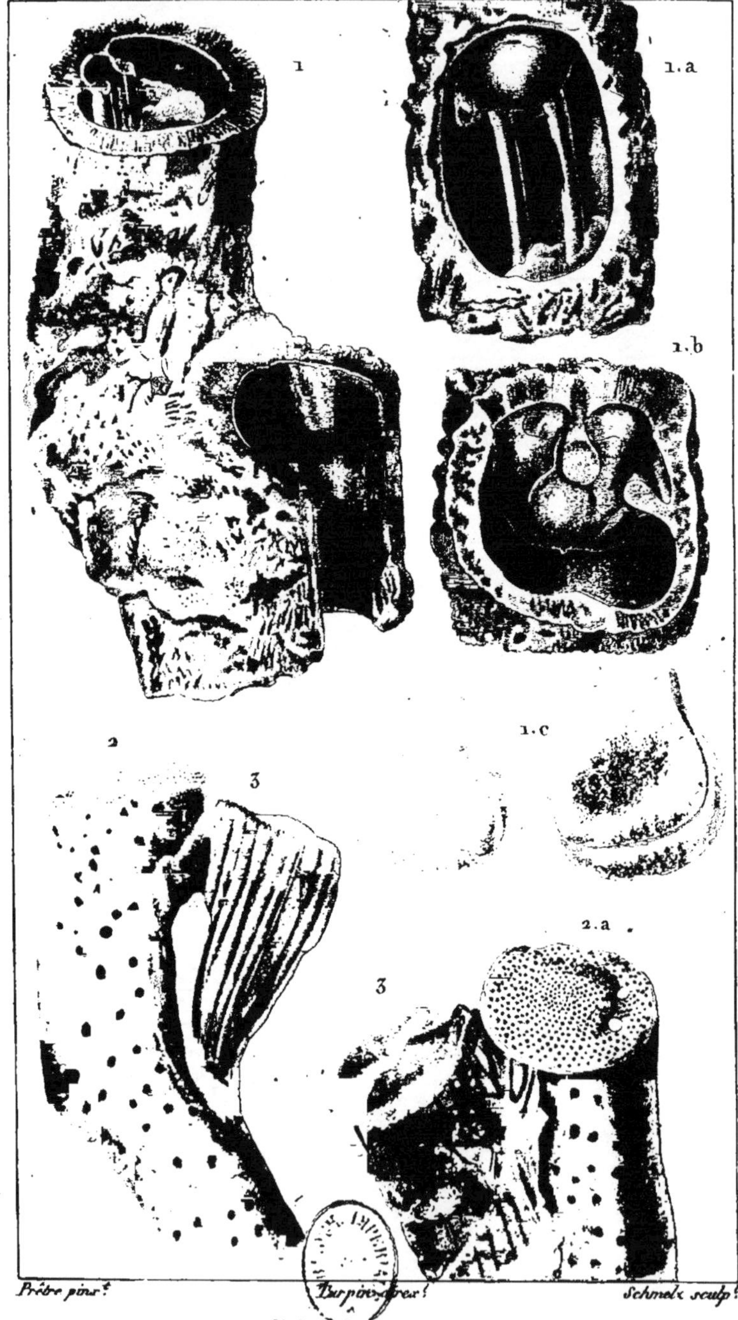

Prêtre pinx.t *Turpin direx.t* *Schmelz sculp.t*

1. HIPPURITE corne d'abondance. *(Def.) vue sans opercule. 1.a Id. vue intérieurement. 1.b Id. vue avec son opercule. 1.c Id. cloisons intérieures.*

2. HIPPURITE bioculée. *(Lam.) vue de côté. 2.a Id. vue du côté de l'opercule.*

3. HIPPURITE sillonnée. *(Def.) attachée à l'Hipp. bioculée.*

ZOOLOGIE.

CONCHYLIOLOGIE. Ostracées.

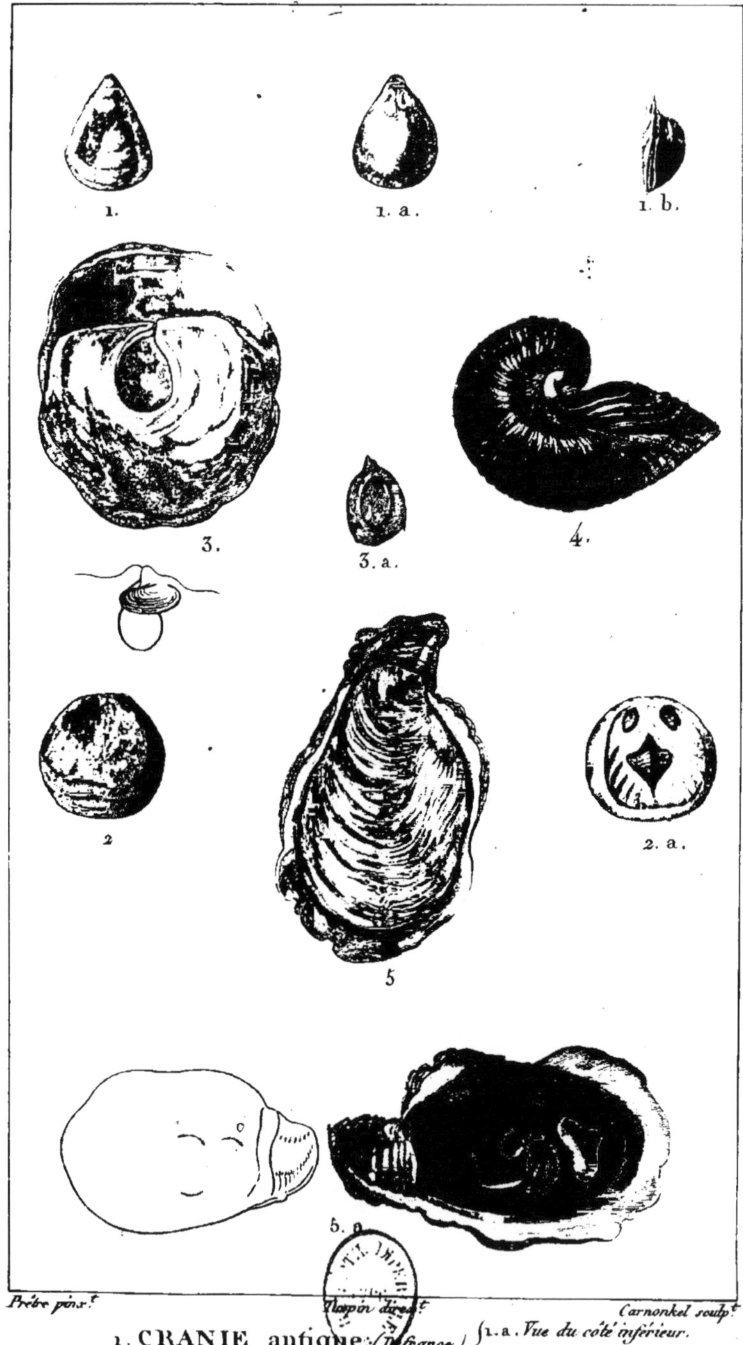

Prêtre pinx.t *Turpin direx.t* *Carnonkel sculp.t*

1. CRANIE antique. (*Defrance.*) { 1. a. *Vue du côté inférieur.* 1. b. *Vue de profil.*
2. CRANIE masque. 2. a. *Valve vue en dedans.*
3. ANOMIE cæpa ? 3. a. *Son opercule.*
4. GRYPHÉE arquée.
5. HUÎTRE nacrée ? 5. a. *Valves ouvertes.*

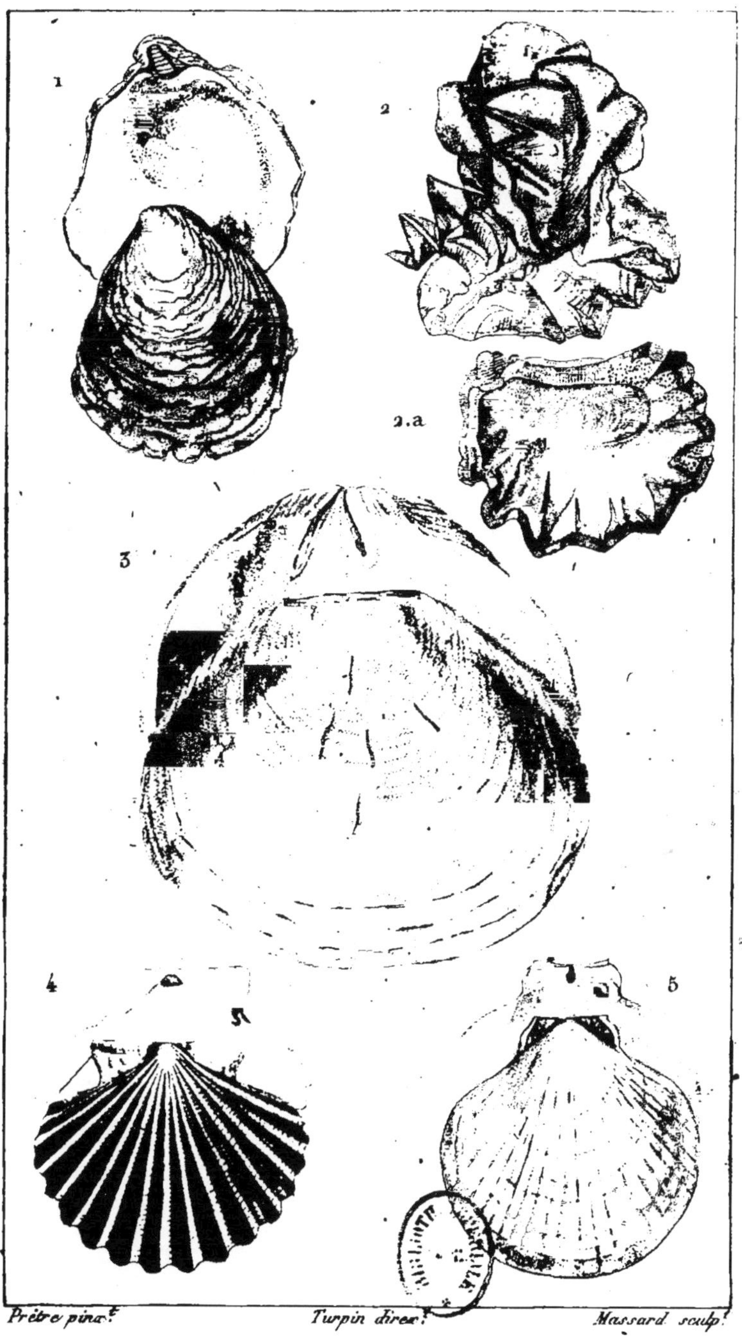

Prêtre pinx. *Turpin direx.* *Massard sculp.*

1. HUITRE comestible. | 3. PLACUNE vitrée.
2. ——— Crête de Coq | 4. PEIGNE de St. Jacques.
5. PEIGNE Sole.

ZOOLOGIE.

CONCHYLIOLOGIE. 1. Sub-ostracées. 2 et 3. Cricostomes. 4. Solénacées.

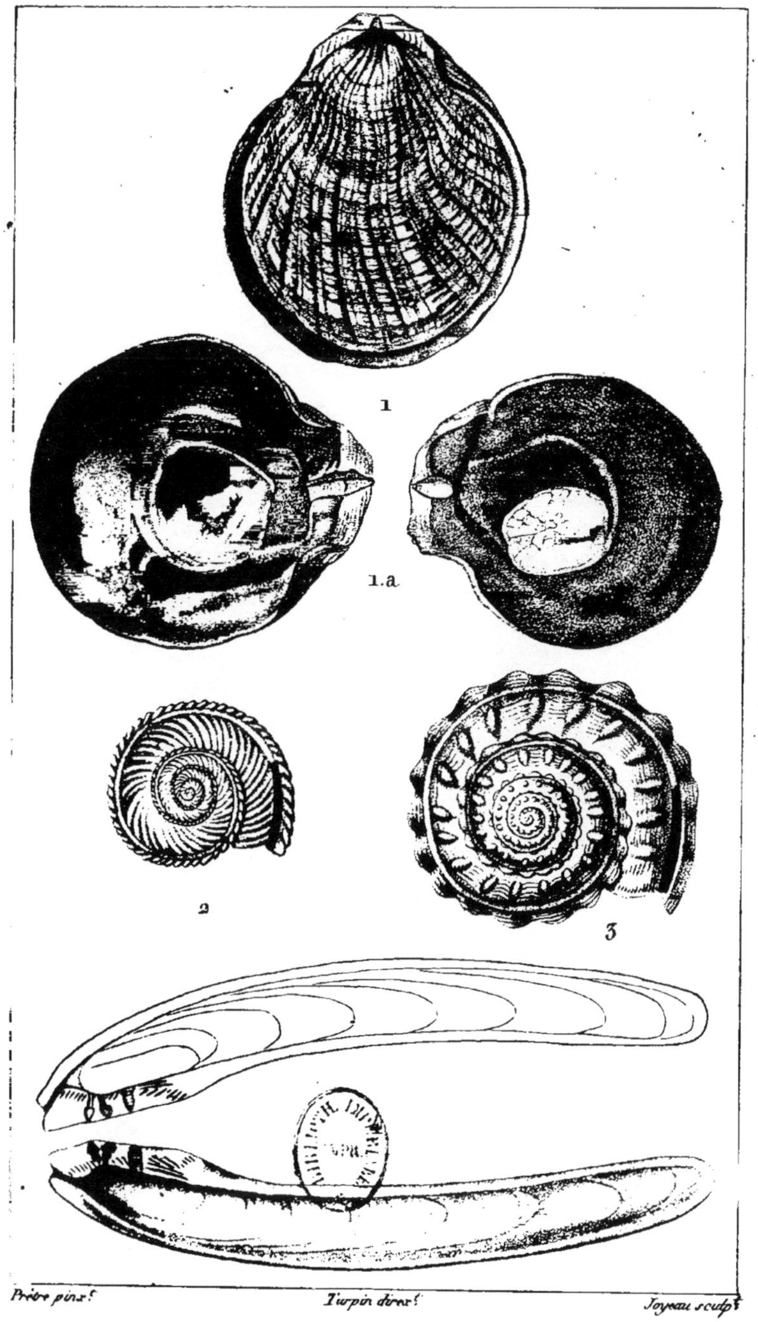

Prêtre pinx.t Turpin direx.t Joyeau sculp.t

1. HINNITE de Cortesi. (Def.) 1 a. Id. ouverte et vue intérieurem.t

2. PLEUROTOMAIRE ornée. (Def.)

3. PLEUROTOMAIRE tuberculeuse. (Def.)

4. GERVILLIE solénoïde. (Def.) ouverte et vue intérieurement.

ZOOLOGIE.

CONCHYLIOLOGIE. Subostracées.

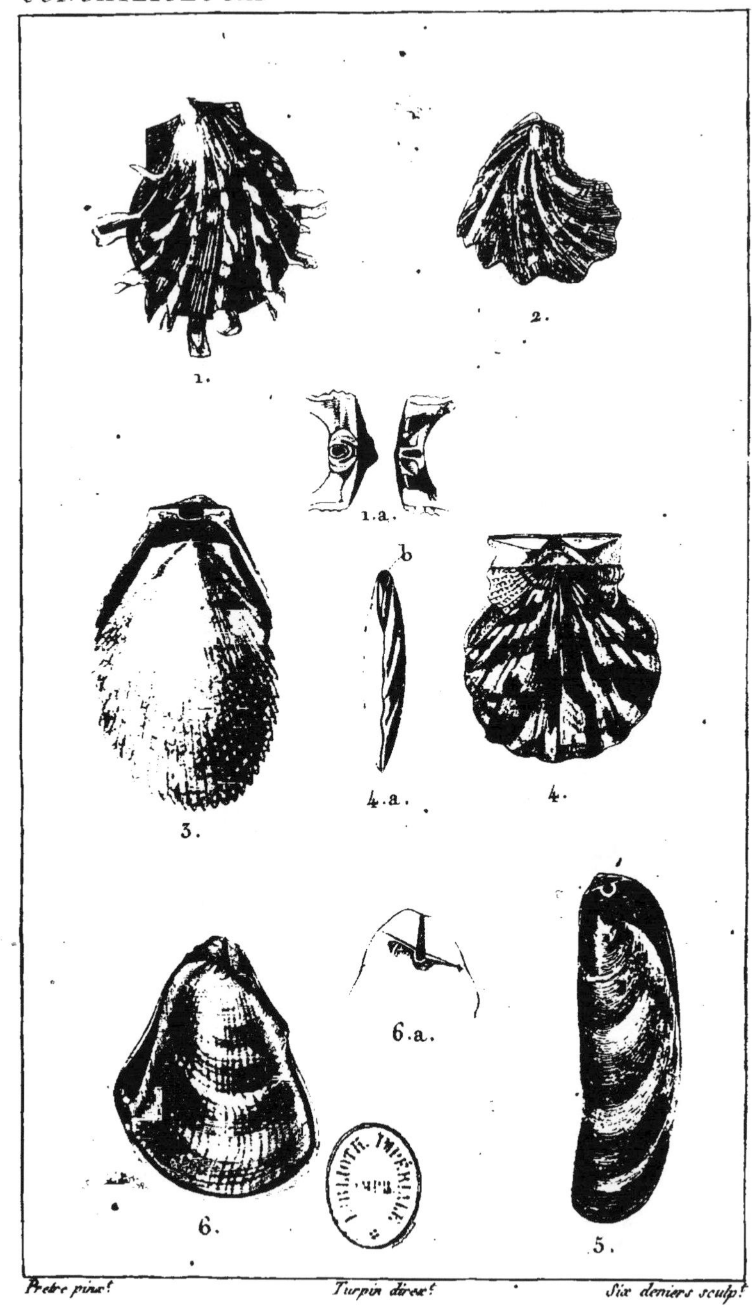

1. SPONDYLE gaiderope. 1.a. *charnière des deux valves.*
2. PLICATULE gibbeuse.
3. LIME écailleuse.
4. PEIGNE glabre. {4.a. *Id. vue de profil pour faire voir en* b. *le passage du bissus.*
5. VULSELLE lingulée.
6. HOULETTE spondyloïde. 6.a. *charnière de l'une des valves.*

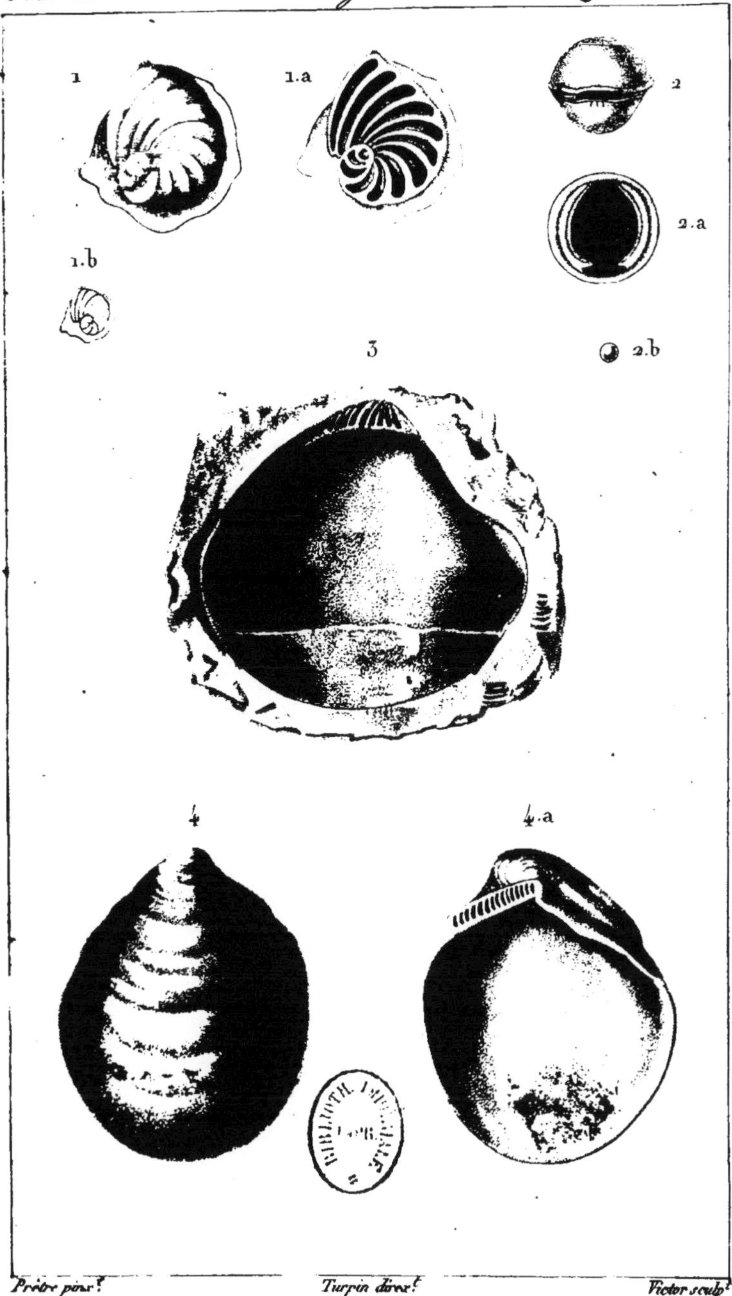

Prêtre pinx.t Turpin direx.t Victor sculp.t

1. CRISTELLAIRE casque. *(Lam.) grossie.* 1.a *Id. coupée transv.t* 1.b *Id. G.r nat.le*

2. PYRGO lisse. *(Def.) grossie.* 2.a *Id. vue intérieurem.t* 2.b *Id. Grand.r naturelle.*

3. PULVINITE d'Adanson. *(Def.)*

4. CATILLUS Lamarckii. *(Brong.) vu par dessus.* 4.a *Id. vu en dedans avec sa charnière.*

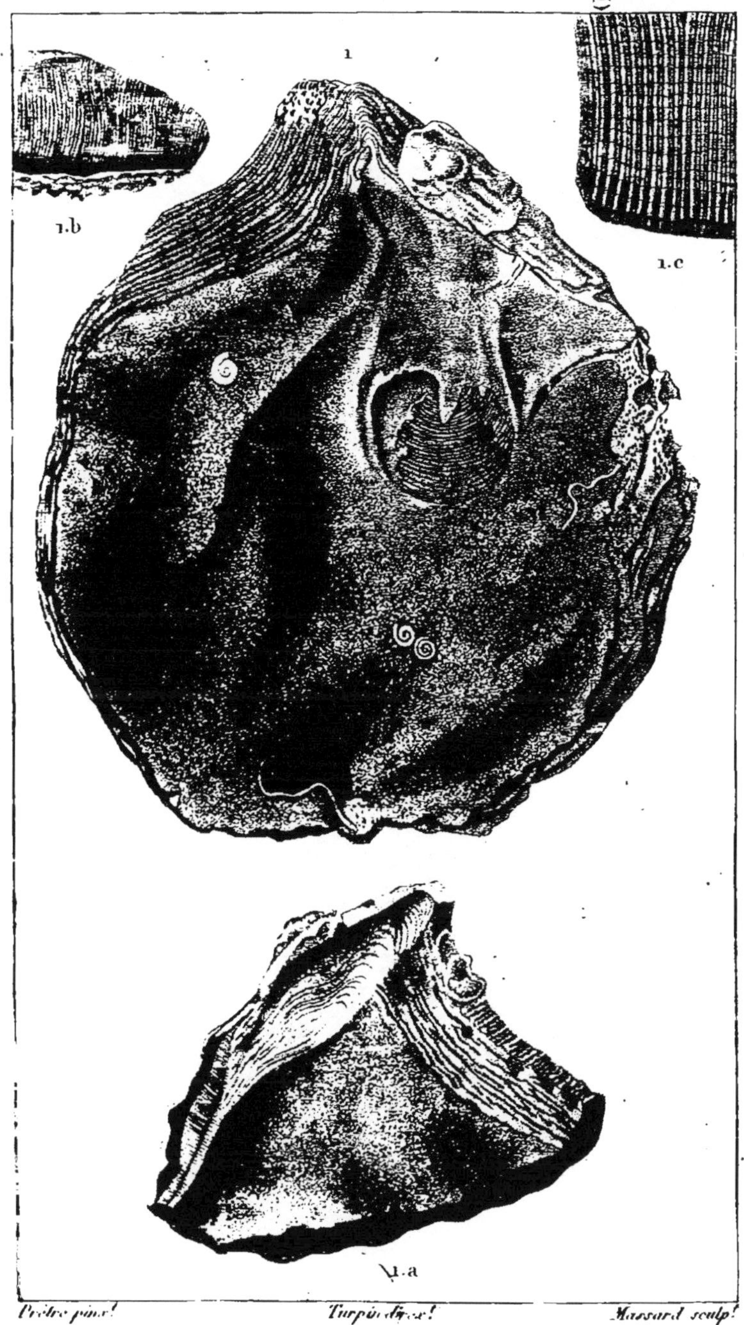

Prêtre pinx.t *Turpin direx.t* *Massard sculp.t*

1. TRICHITE épaisse. *(Def.) Valve supérieure vue intérieurement.* 1.a *Id. valve inférieure vue intérieurement.* 1.b. *Contexture du têt.* 1.c. *Id. grossie.*

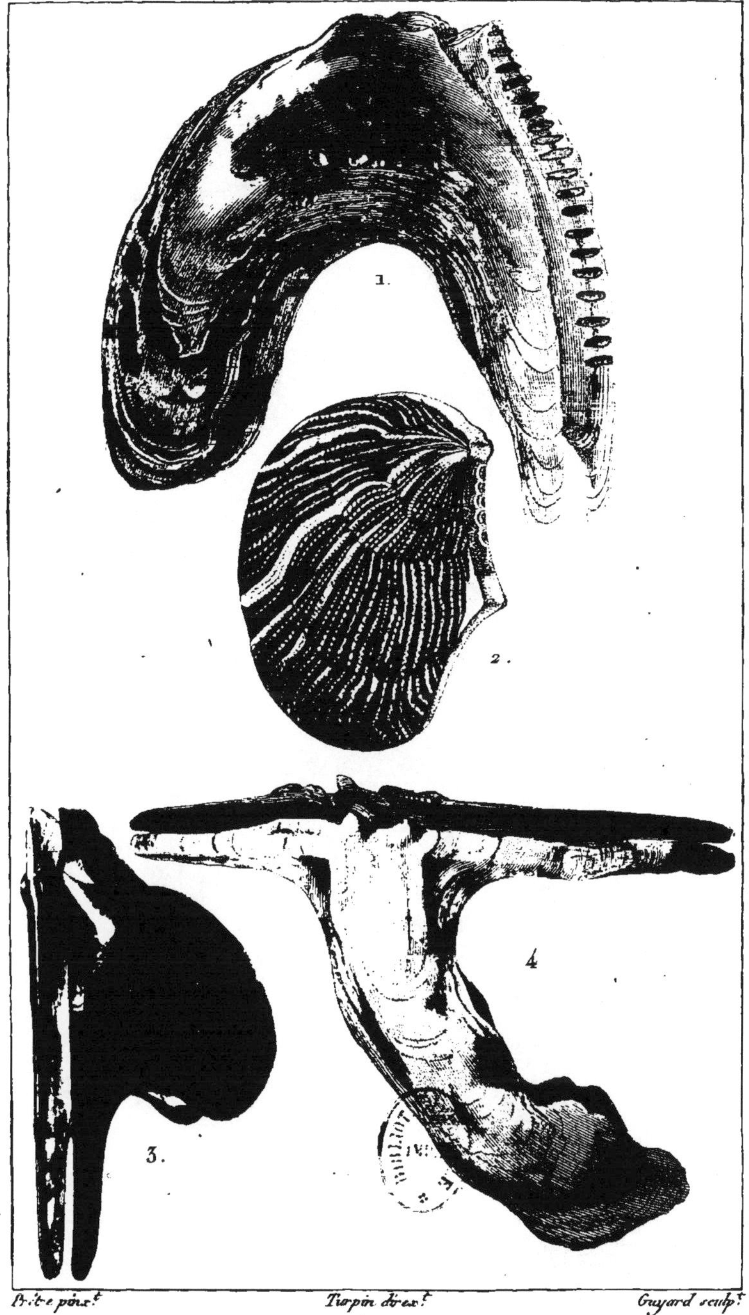

Prêtre pinx.t *Turpin direx.t* *Guyard sculp.t*

1. PERNE fémorale. *var. B. ou Bigorne.*
2. CRÉNATULE aviculaire.
3. AVICULE aronde.
4. MARTEAU commun.

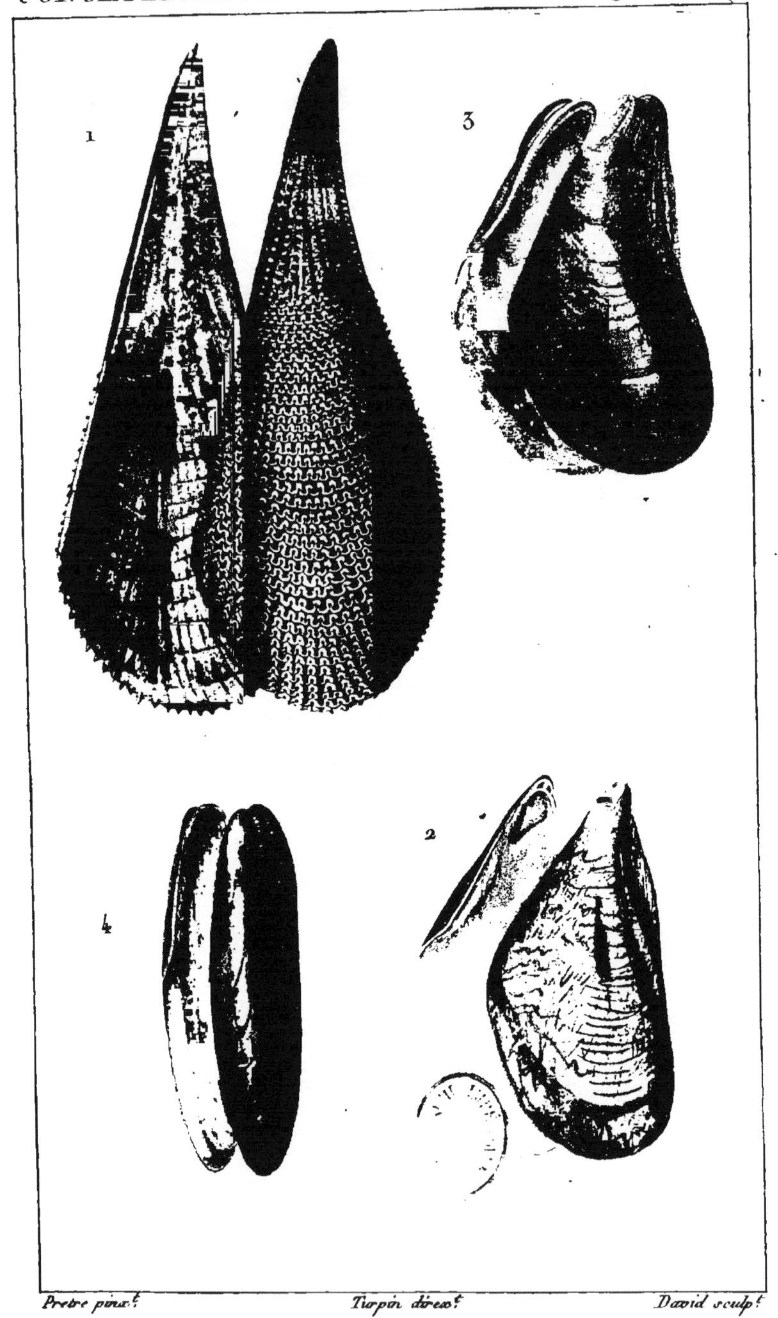

Pretre pinx.t *Turpin direx.t* *David sculp.t*

1. PINNE noble.
2. MOULE d'Afrique.
3. MODIOLE des Papous.
4. LITHODOME ordinaire.

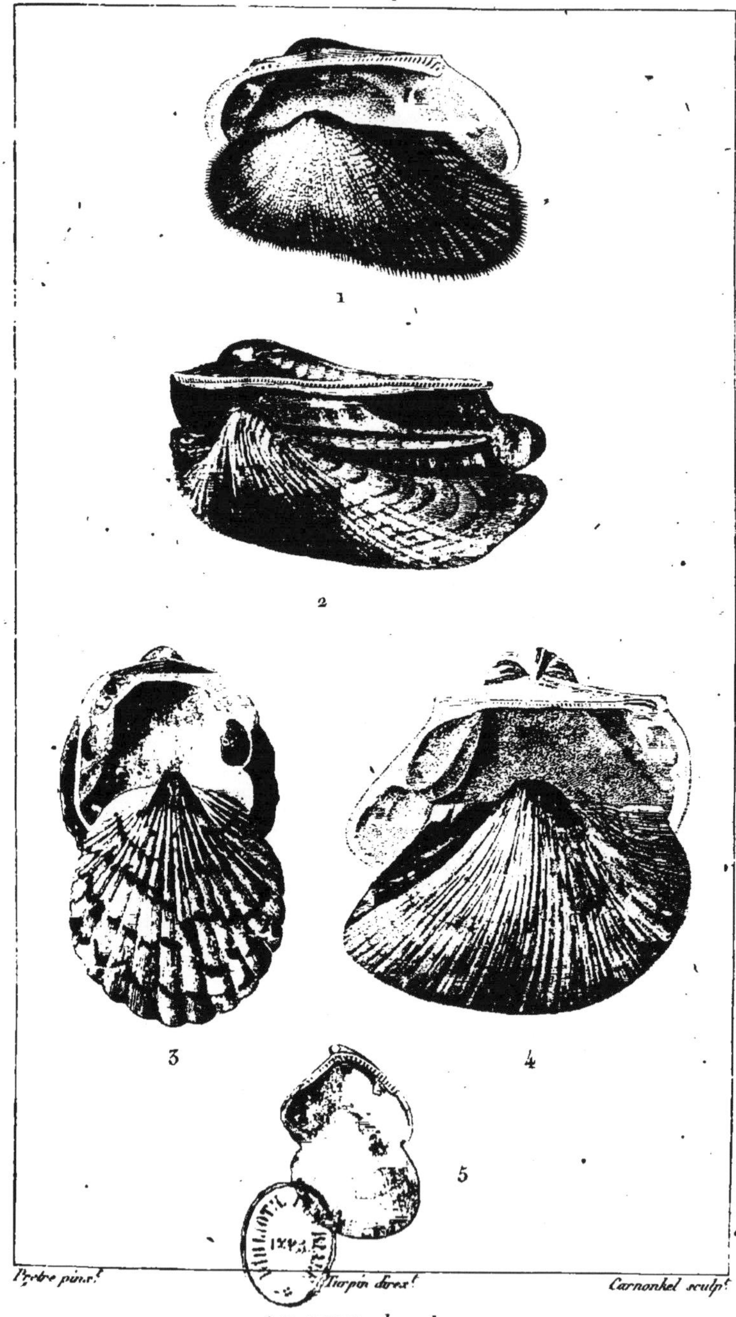

1. ARCHE barbue.
2. ARCHE de Noë.
3. PETONCLE pectiniforme.
4 CUCULLÉE auriculifère.
5. NUCULE margaritacée.

ZOOLOGIE.

CONCHYLIOLOGIE. Arcacés &a.

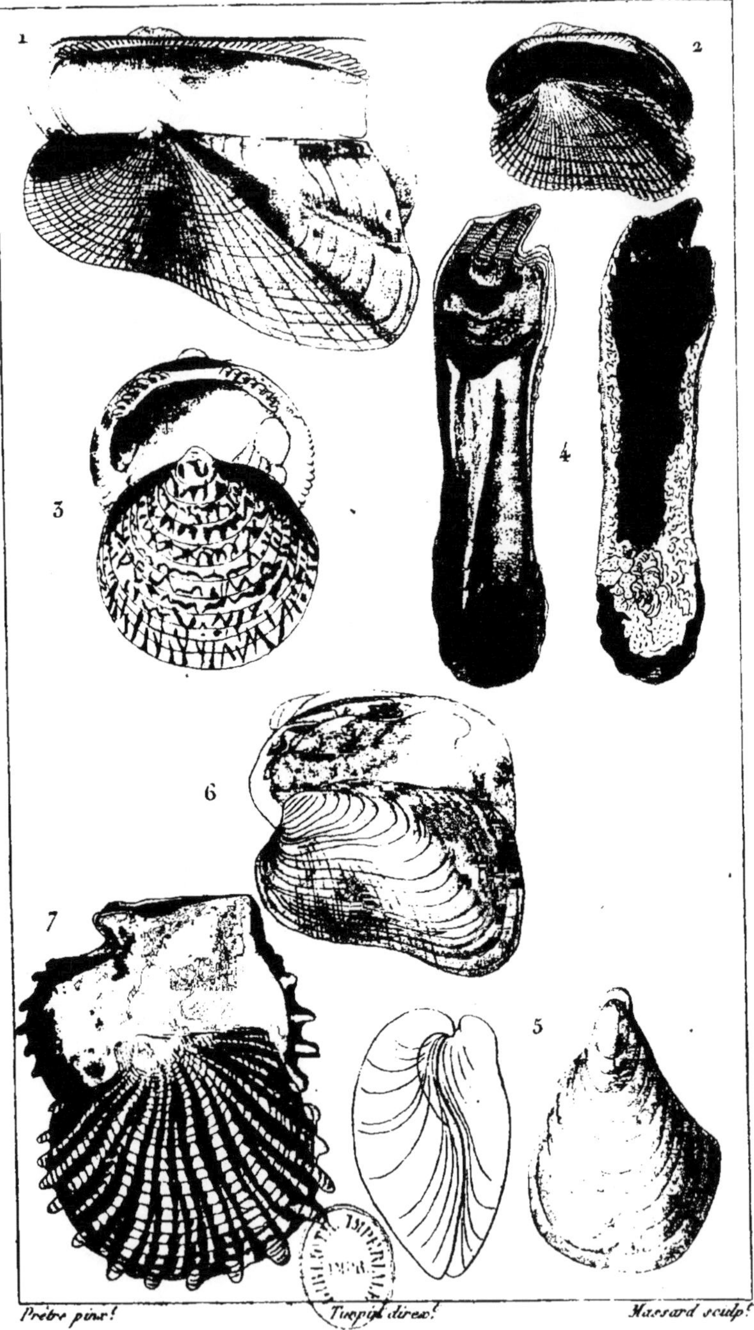

Prêtre pinx. *Turpin direx.* *Massard sculp.*

1. ARCHE bistournée.
2. ——— mytiloïde.
3. ——— velue.
4. MARTEAU vulsellé.
5. INOCÉRAME concentrique.
6. CYPRICARDE de Guinée.
7. AVICULE mère-perle.

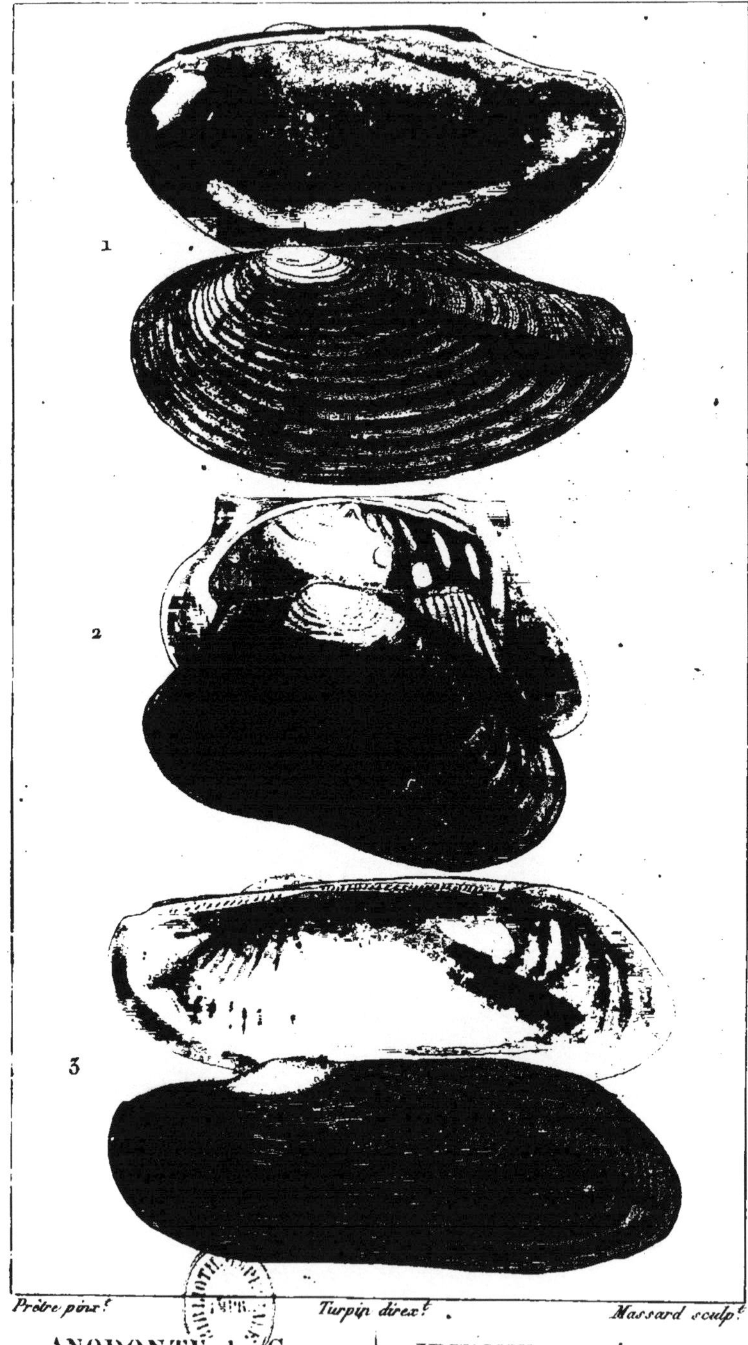

Prêtre pinx.t *Turpin direx.t* *Massard sculp.t*

1. ANODONTE des Cygnes. | 2. IRIDINE exotique.
3. ANODONTE dipsade.

ZOOLOGIE.

CONCHYLIOLOGIE. Submytilacés.

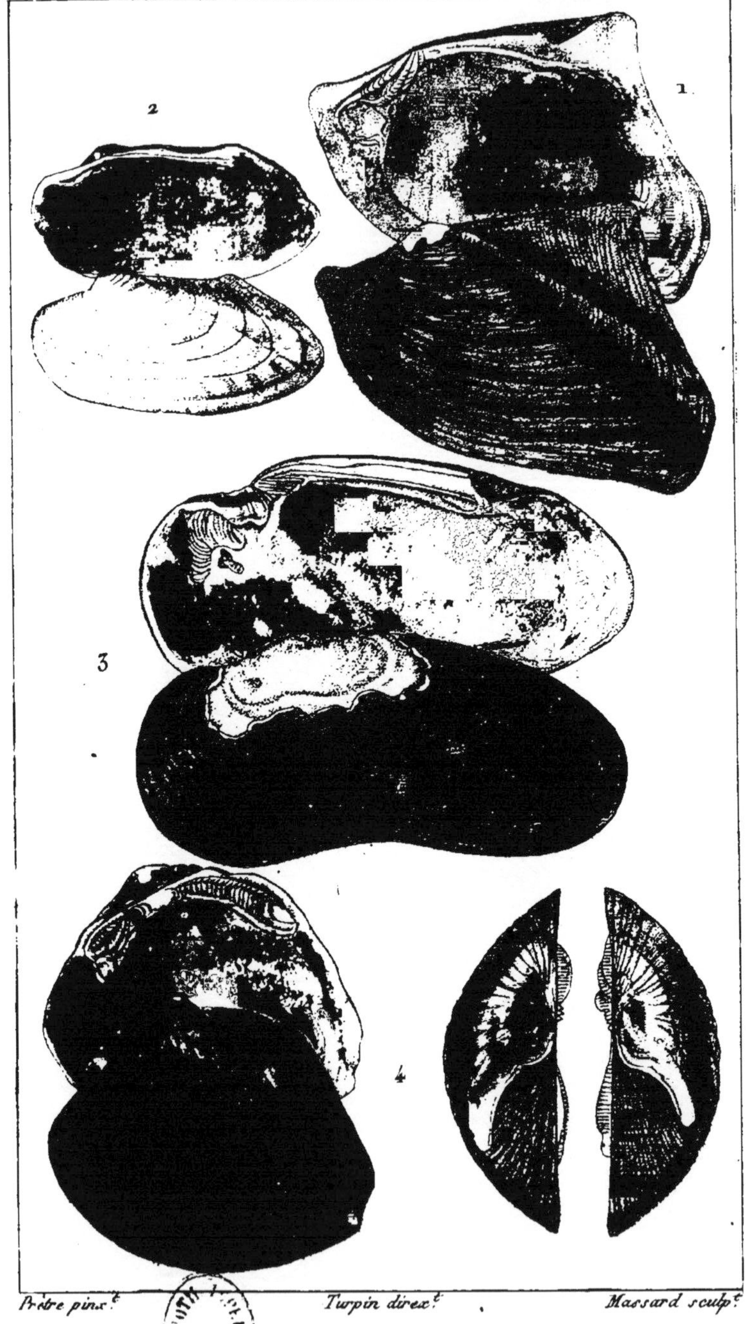

Prêtre pinx.t *Turpin direx.t* *Massard sculp.t*

1. MOULETTE ridée. | 3. MOULETTE sinuée.
2. ———— des Peintres | 4. ———— Castalie.

ZOOLOGIE.

CONCHYLIOLOGIE. Conchacées.

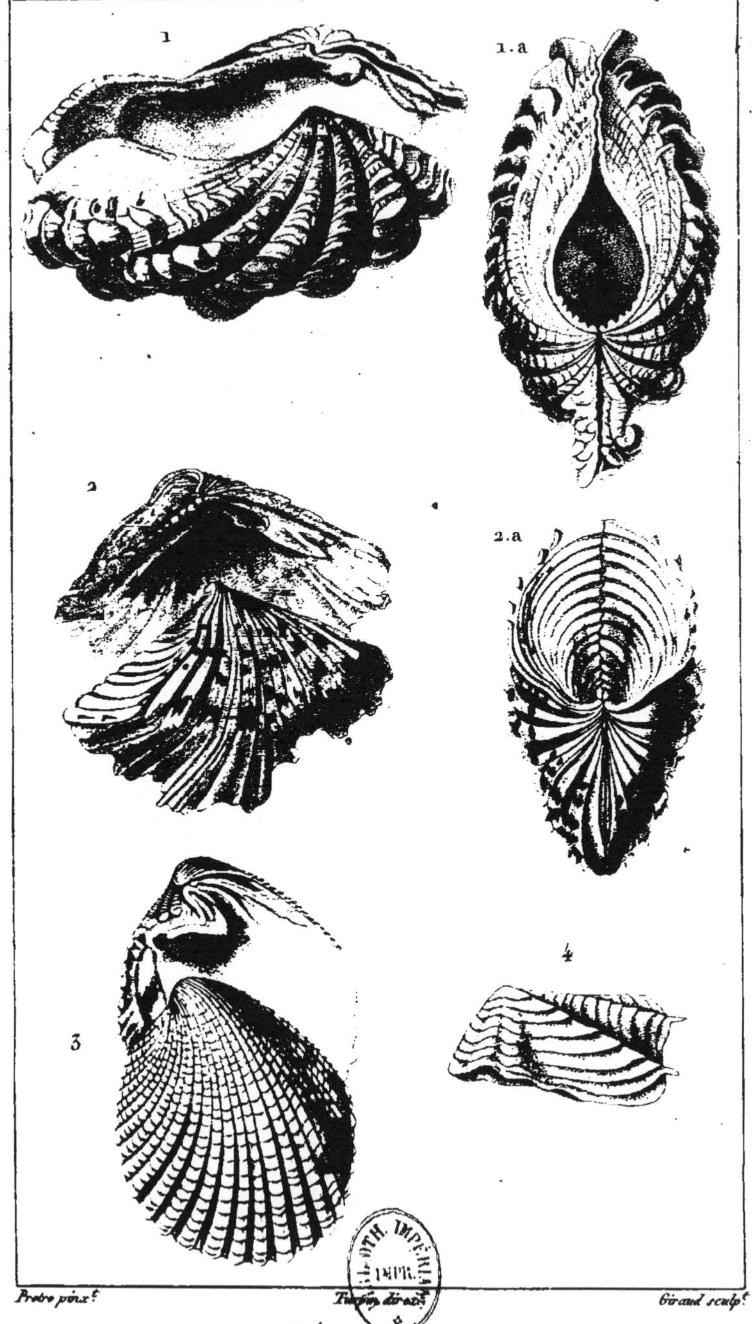

Pretre pinx.t *Turpin direx.t* *Giraud sculp.t*

1. TRIDACNE bénitier. 1.a *La même vue par le dos.*

2. HIPPOPE chou. 2.a *La même vue par le dos.*

3. VÉNÉRICARDE imbriquée.

4. HIATELLE à deux fentes.

ZOOLOGIE.

CONCHYLIOLOGIE. *Fossiles.* Conchacés? Serpulées?

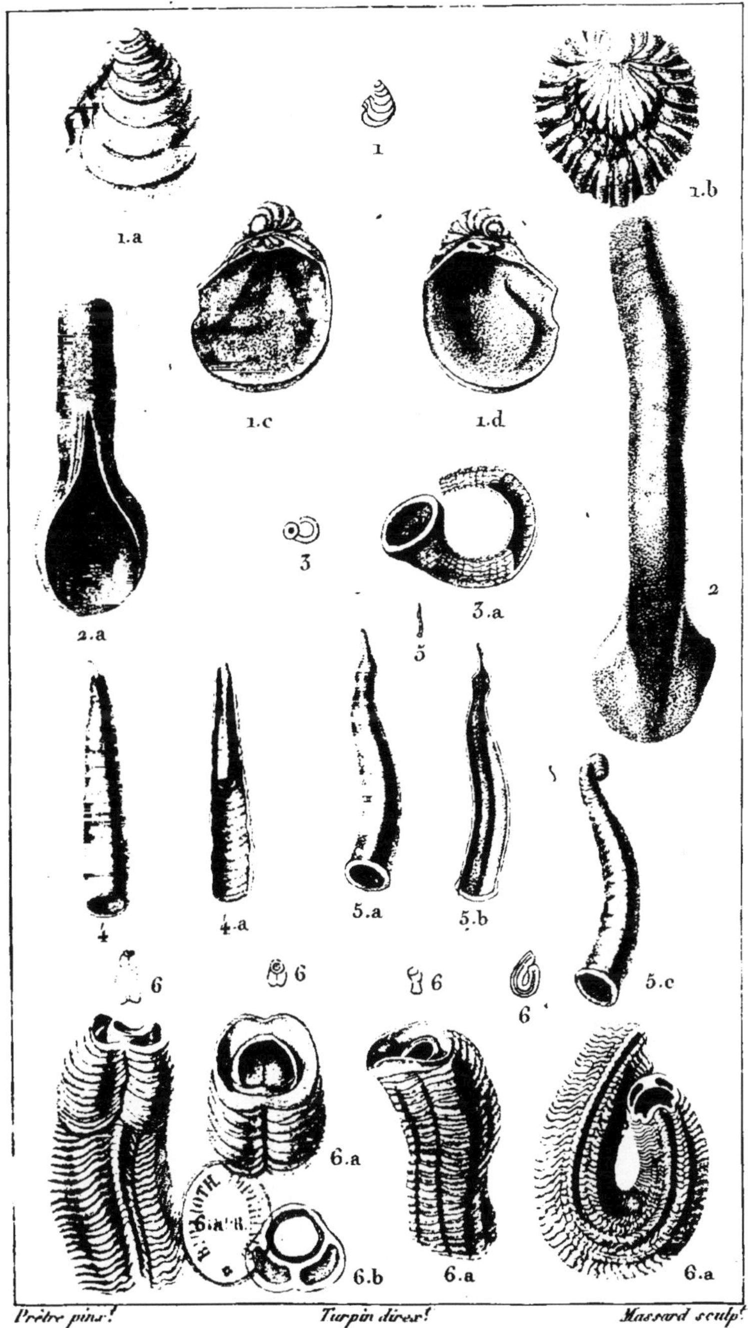

Prêtre pinx.t *Turpin direx.t* *Massard sculp.t*

1.VOLUPIE ridée. *(Def.)* 1-a.1-b. *Id. grossie vue en dessus.* 1-c.1-d. *Id. vue en dedans.* 2. SERPULE? de Vallot. *(Def.)* 2-a. *Id. vue en dessous.* 3. SERPULE? cor de chasse. 3-a. *Id. grossie.* 4. ENTALE ridée. *(Def.)* 4-a. *Id. vue en dedans.* 5. VAGINELLE? retroussée. *(Def.)* 5-a. 5-b. *Id. grossie.* 5-c. *Id.? var.* 6. SERPULE? tête de serpent, *différens morceaux vus sous des aspects diff.s* 6-a. *Id. grossis.* 6-b. *Id. part. de l'ouv. vue intérieurement.*

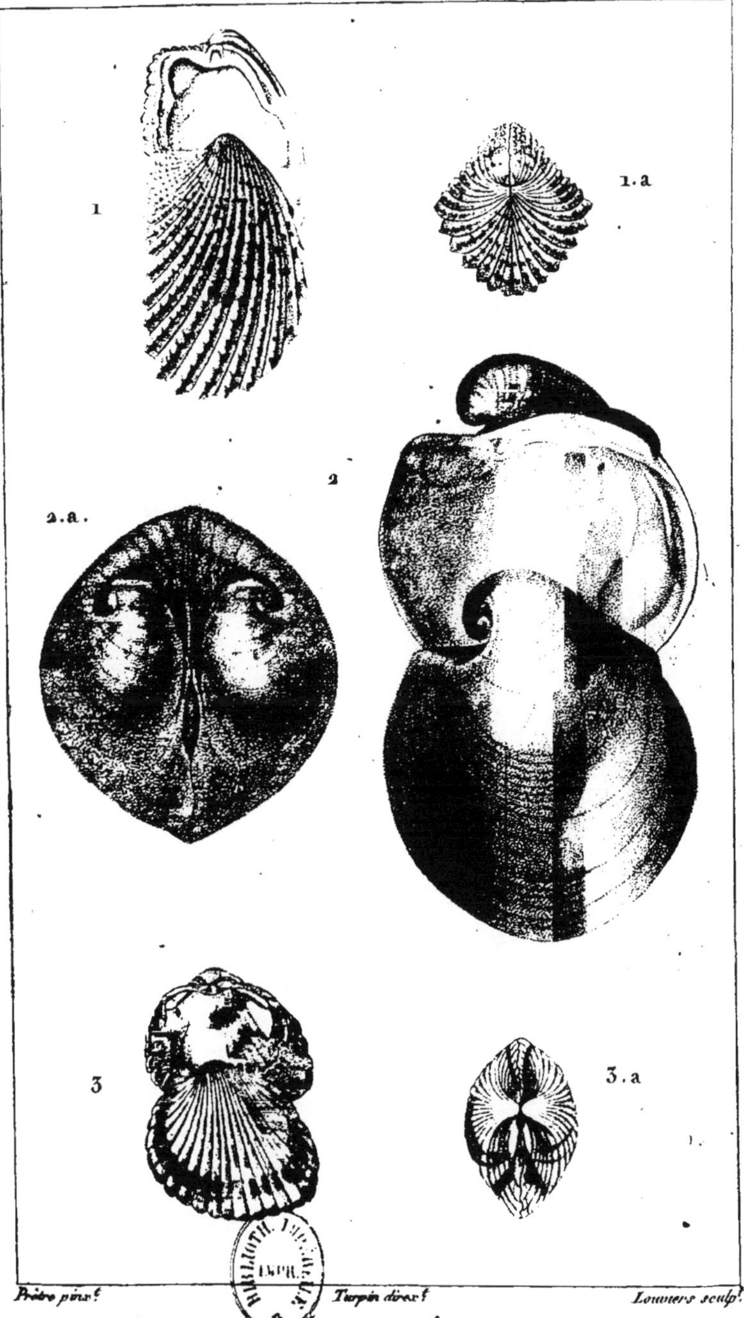

Prêtre pinx.t *Turpin direx.t* *Louvers sculp.t*

1. CARDITE tachetée. 1.a. *Id. vue par le dos.*
2. ISOCARDE globuleuse. 2.a. *Id. vue par le dos.*
3. BUCARDE édule. 3.a. *Id. vue par le dos.*

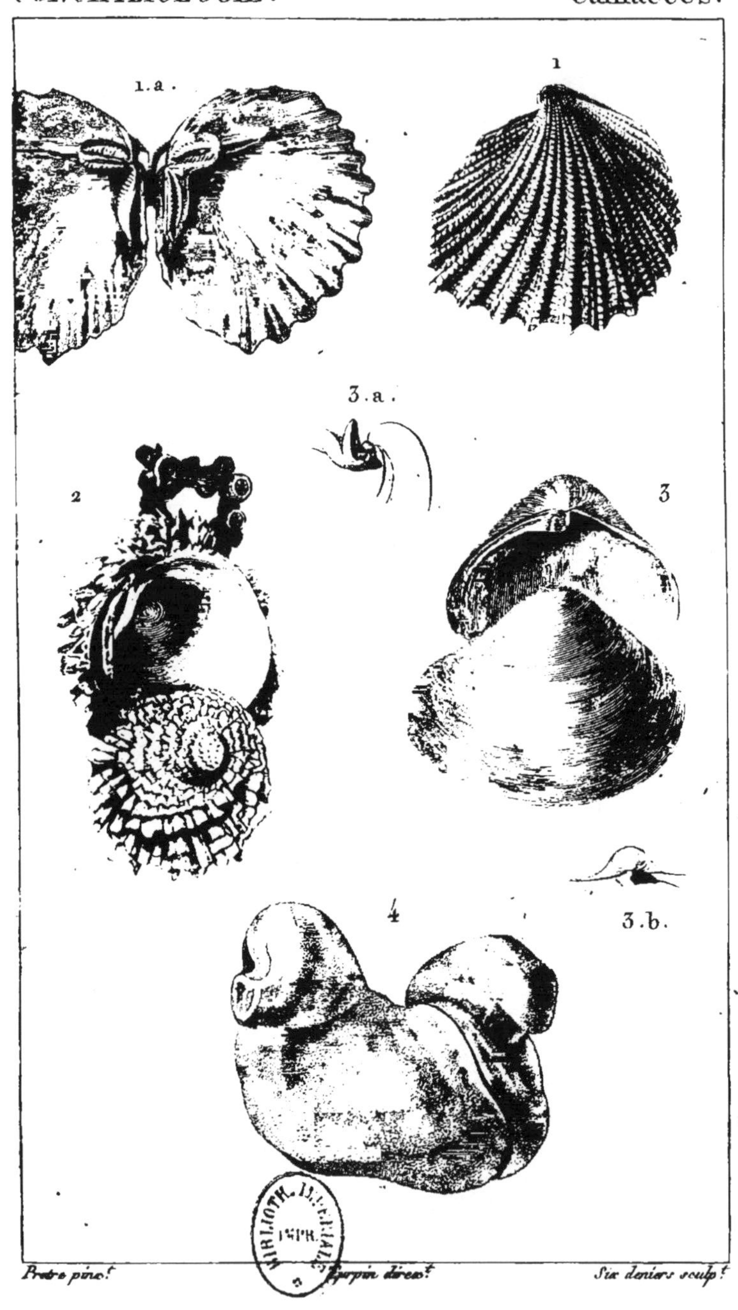

Pretre pinx.t *Turpin direx.t* *Six deniers sculp.t*

1. TRIGONIE nacrée. 1.a. *La même ouverte pour montrer la charnière.*

2. CAME gryphoïde.

3. CORBULE gauloise. 3.a. et 3.b. *Détails de la charnière.*

4. DICÉRATE arictinie.

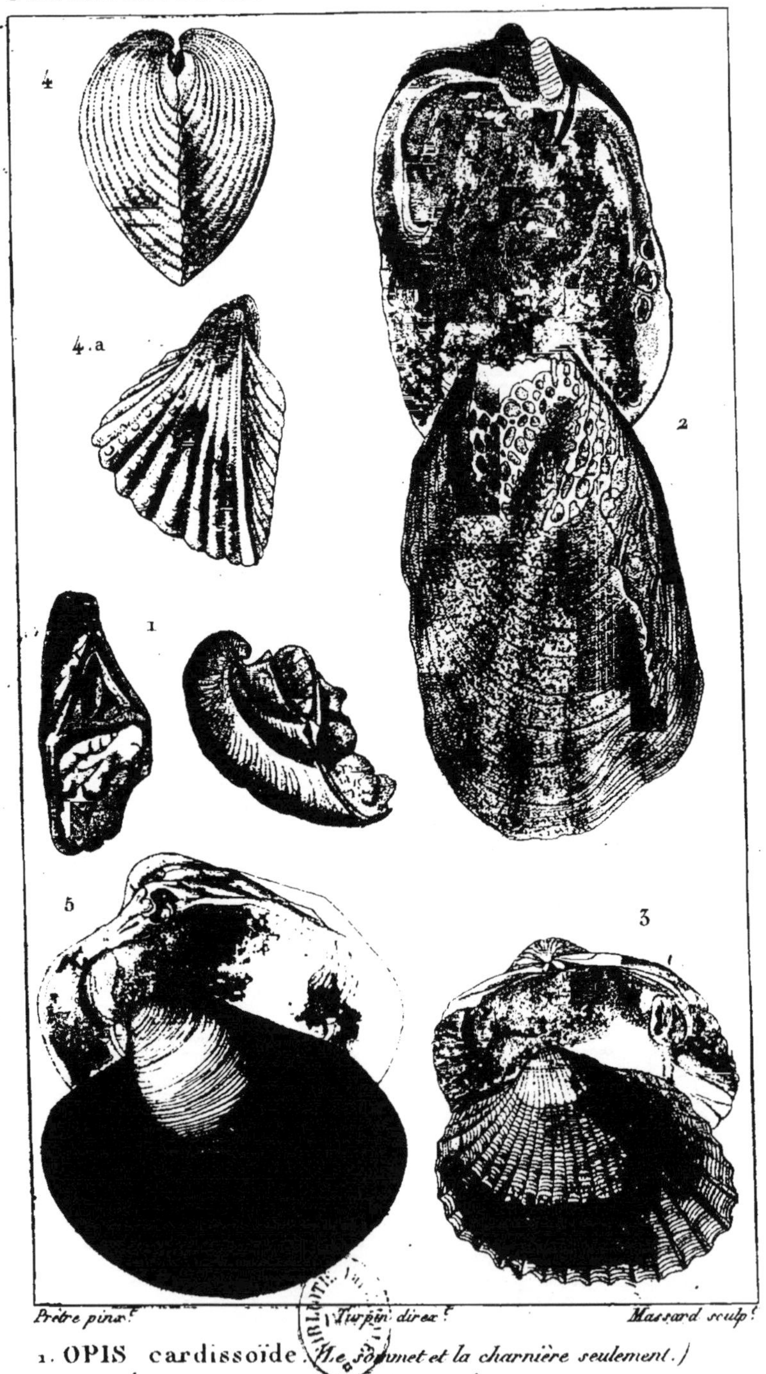

Pretre pinx.t *Turpin direx.t* *Massard sculp.t*

1. OPIS cardissoïde. (*Le sommet et la charnière seulement.*)
2. ETHÉRIE elliptique.
3. BUCARDE Sourdon.
4. HÉMICARDE Soufflet.
5. CYPRINE d'Islande.

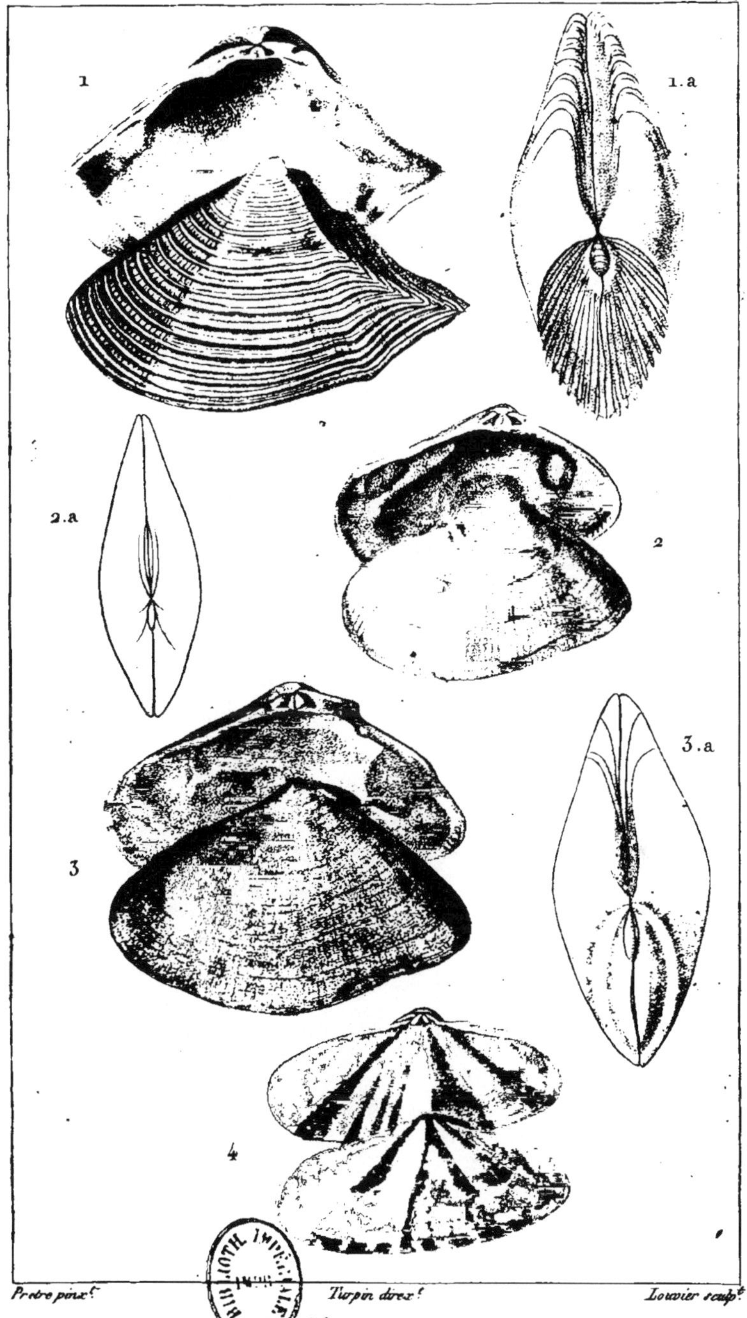

Prêtre pinx.t *Turpin direx.t* *Louvier sculp.t*

1. DONACE bec de flûte. 1.a. *La même vue par le dos.*

2. DONACE des canards. 2.a. *La même vue par le dos.*

3. CAPSE du Brésil. 3.a. *La même vue par le dos.*

4. TELLINE Soleil levant.

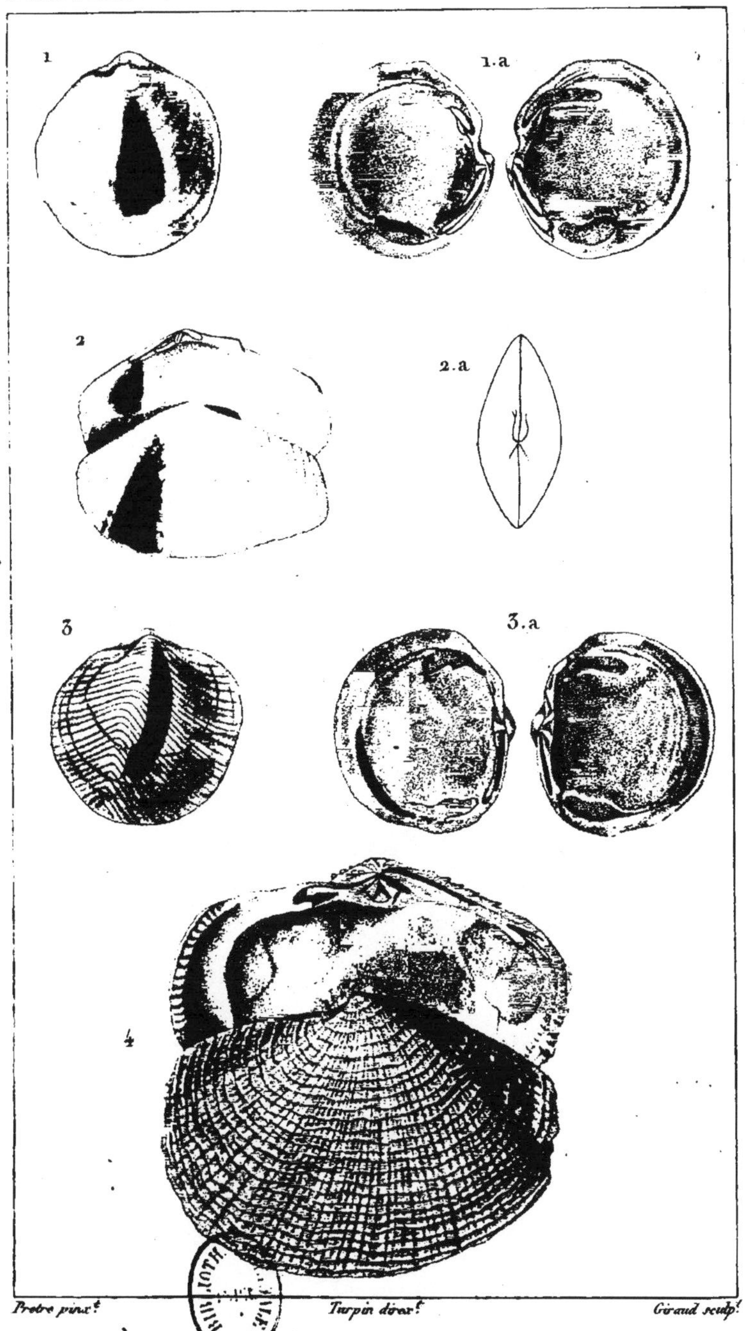

Pretre pinx.t *Turpin direx.t* *Giraud sculp.t*

1. LORIPÈDE lacté. (*Telline lactée.*) 1.a. *Le même vu en dedans.*
2. TELLINIDE de Timor. 2.a. *La même vue par le dos.*
3. LUCINE divergente. 3.a. *La même vue en dedans.*
4. CORBEILLE renflée.

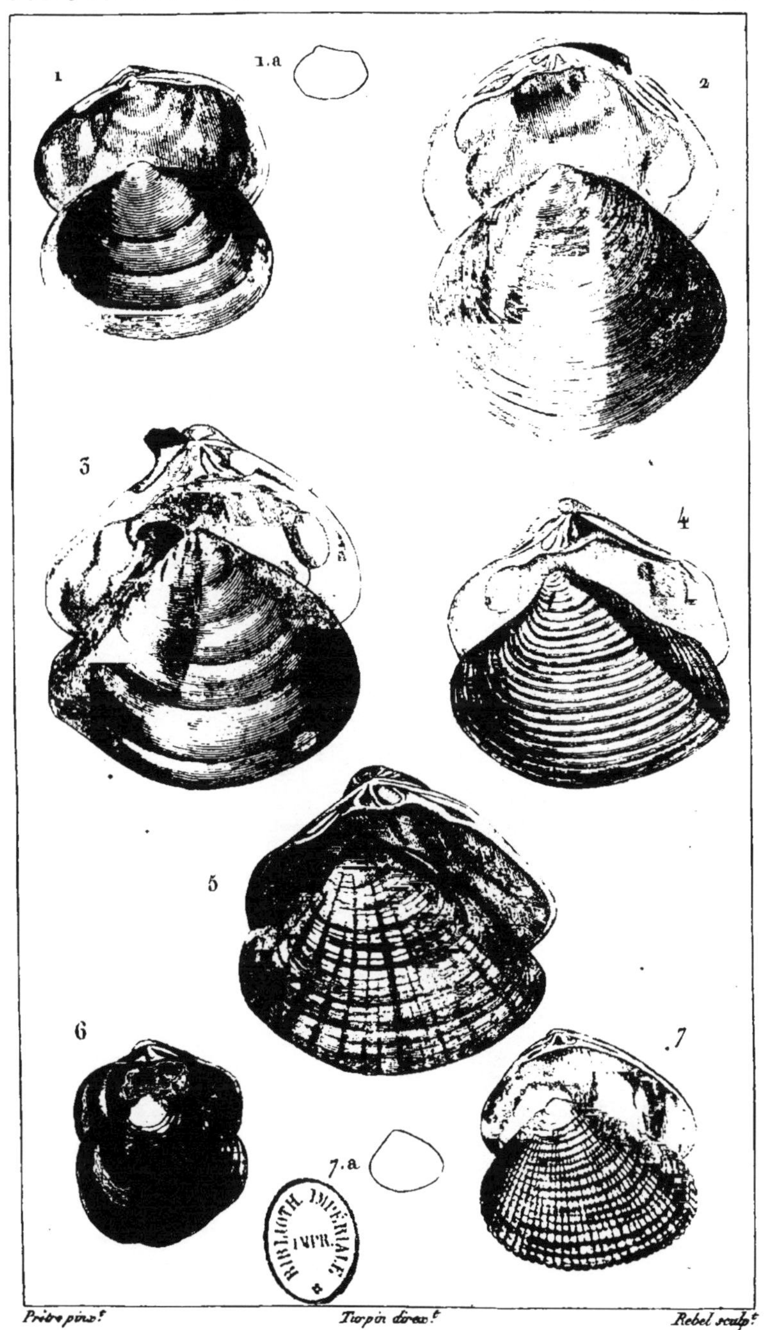

Prêtre pinx.t *Turpin direx.t* *Rebel sculp.t*

1. CYCLADE cornée. 1.a *de Grand. nat.*
2. CYCLADE de Ceylan. *(Dict.) G. Cyrène. (Lam.k)*
3. GALATHÉE à rayons.
4. CRASSATELLE sillonnée.
5. MACTRE lisor.
6. ONGULINE transverse.
7. ERYCINE cardioïde. 7.a *de Gr. nat.*

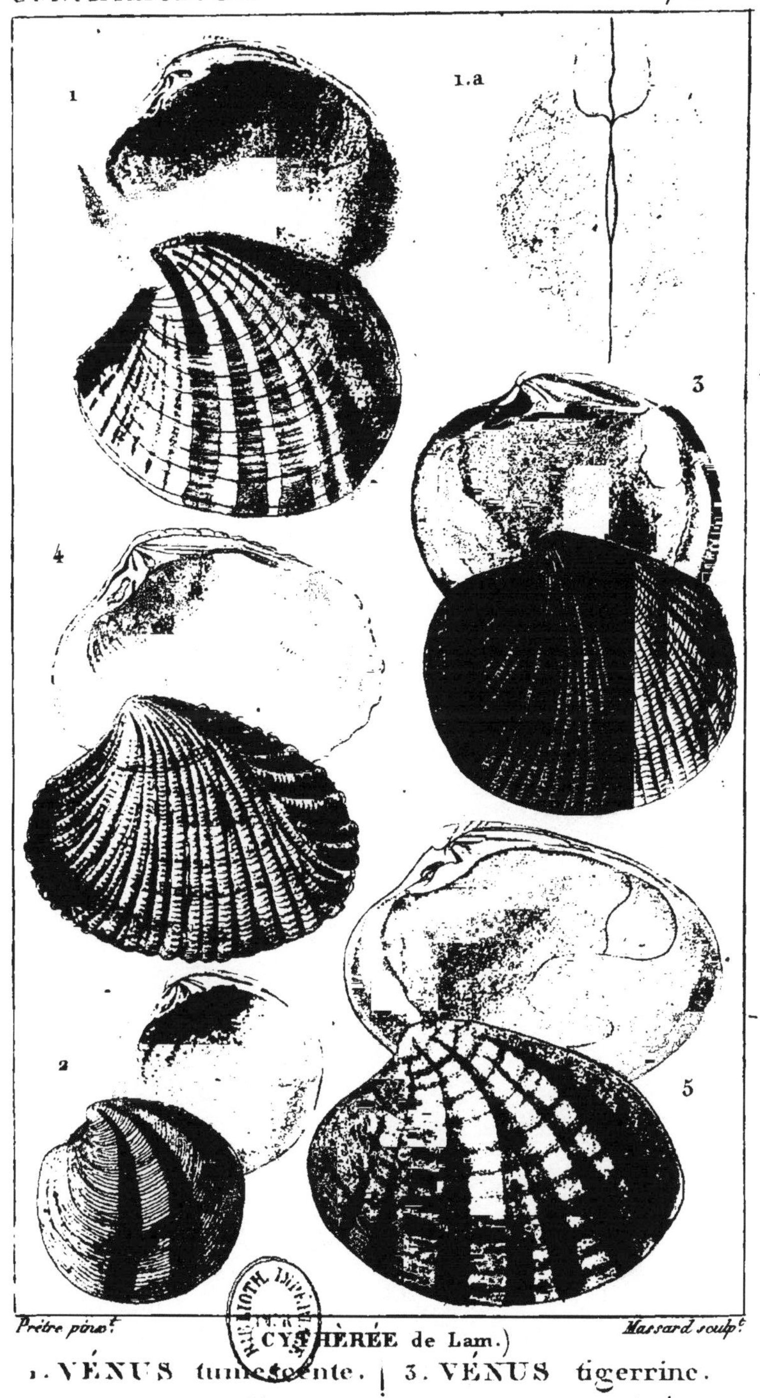

Prêtre pinx.t *Massard sculp.t*

(CYTHÉRÉE de Lam.)

1. VÉNUS tumescente. | 3. VÉNUS tigerrine.

2. ——— exolète. | 4. ——— pectinée.

5. VÉNUS fauve.

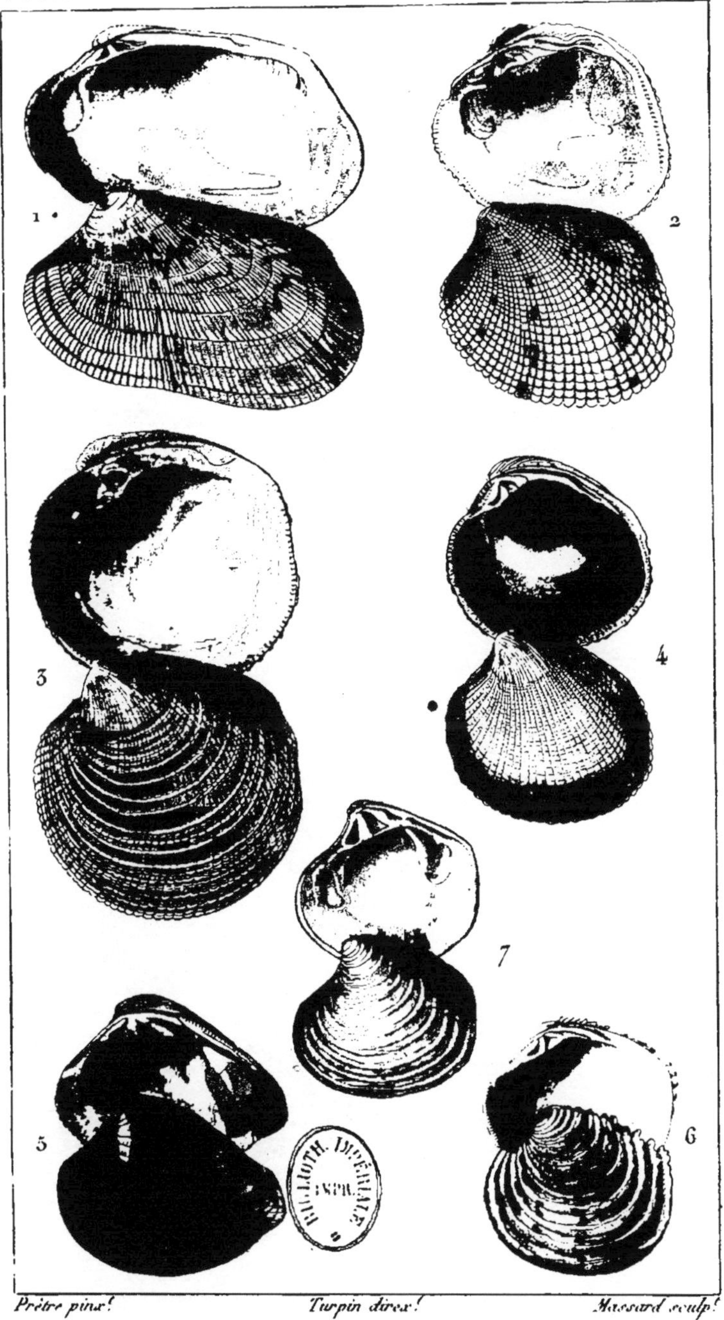

Prêtre pinx! *Turpin direx!* *Massard sculp!*

1. VÉNUS croisée.
2. ——— corbeille.
3. ——— bombée.
4. VÉNUS rudérale.
5. ——— crénulaire.
6. ——— chambrière.
7. VENUS crassatelle.

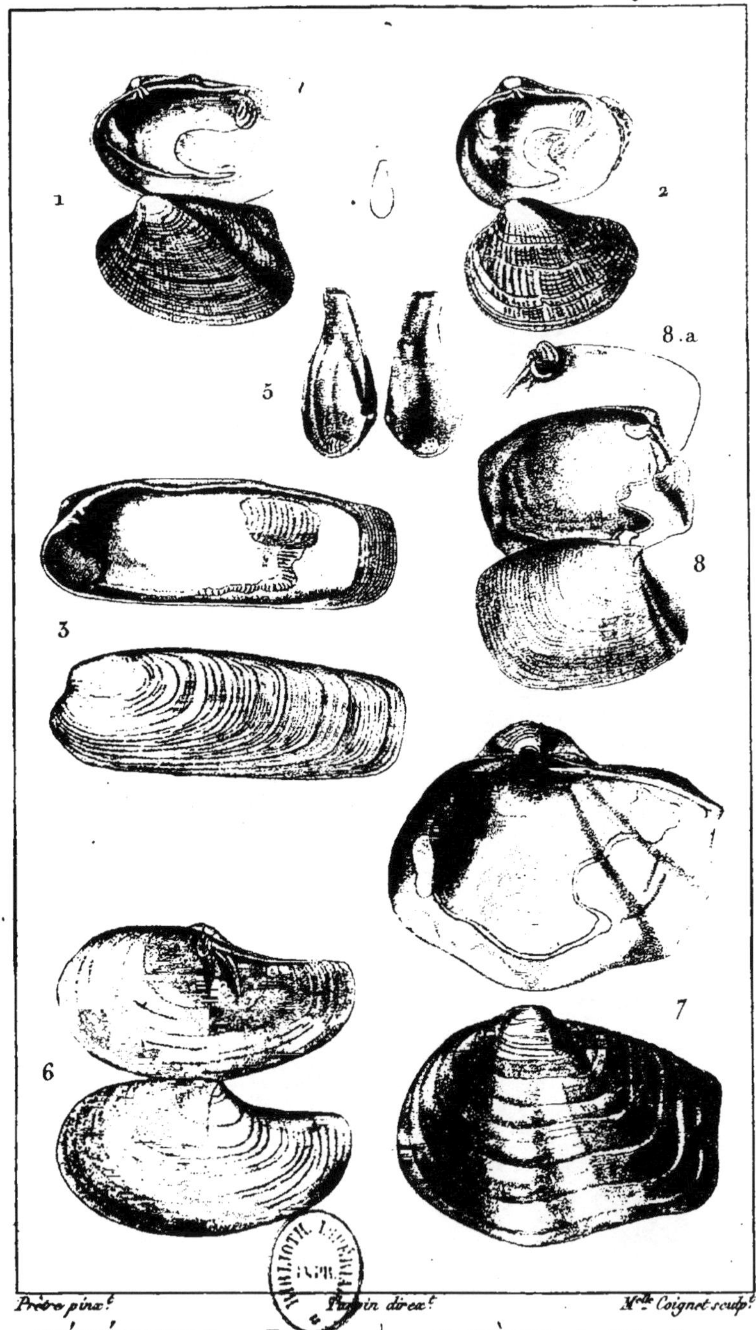

Prêtre pinx.t *Paquin direx.t* *M.lle Coignet sculp.t*

1. VÉNÉRUPE lamelleuse.
2. ——————— pétricole.
3. CORALLIOPHAGE cardiroïde.
5. SPHÈNE de Birgham.
6. ANATINE subrostrée.
7. THRACIE corbuloïde.
8. ANATINE trapézoïdale. 8.a. *Id. montrant la pièce calcaire du tégum.t sur la valve droite.*

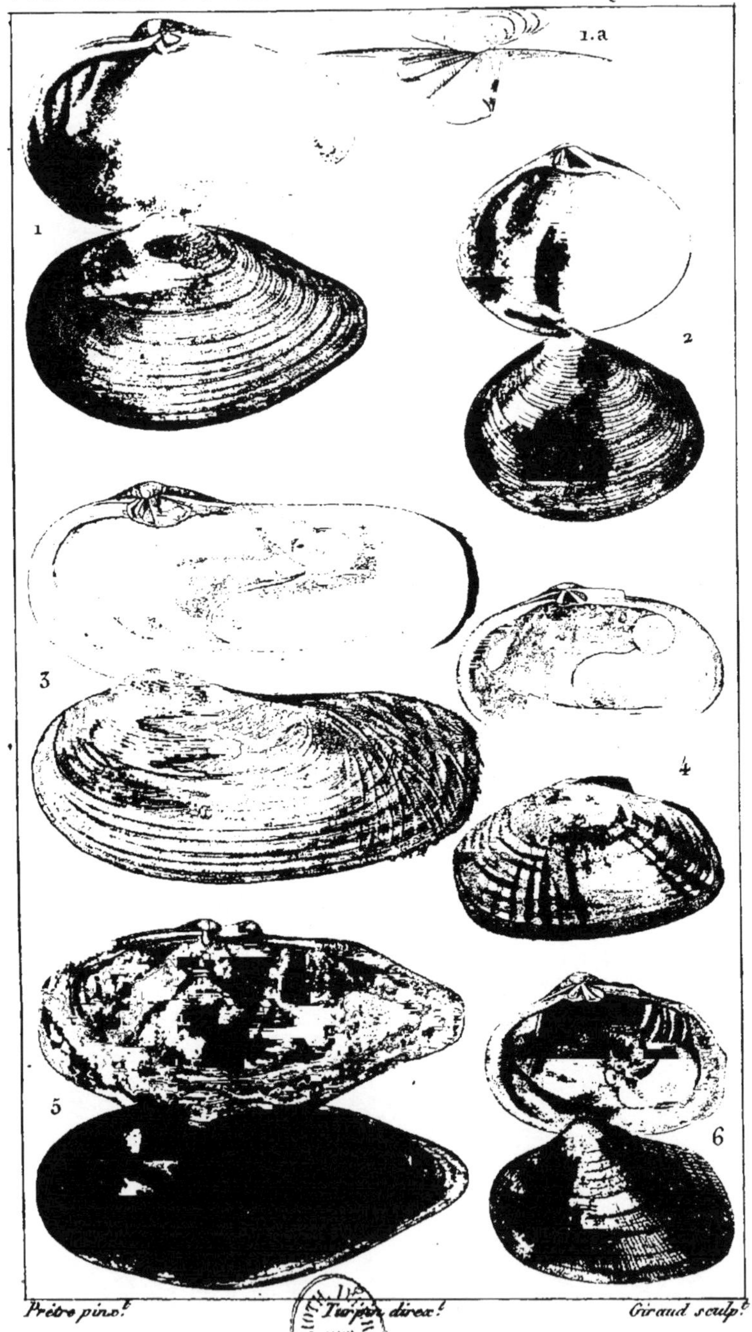

Prêtre pinx.t *Turpin direx.t* *Giraud sculp.t*

1. MYE des sables.
2. LUTRICOLE comprimée.
3. ——————— solénoïde.
4. PSAMOCOLE vespertinale.
5. SOLÉTELLINE radiée.
6. SANGUINOLAIRE rugueuse.

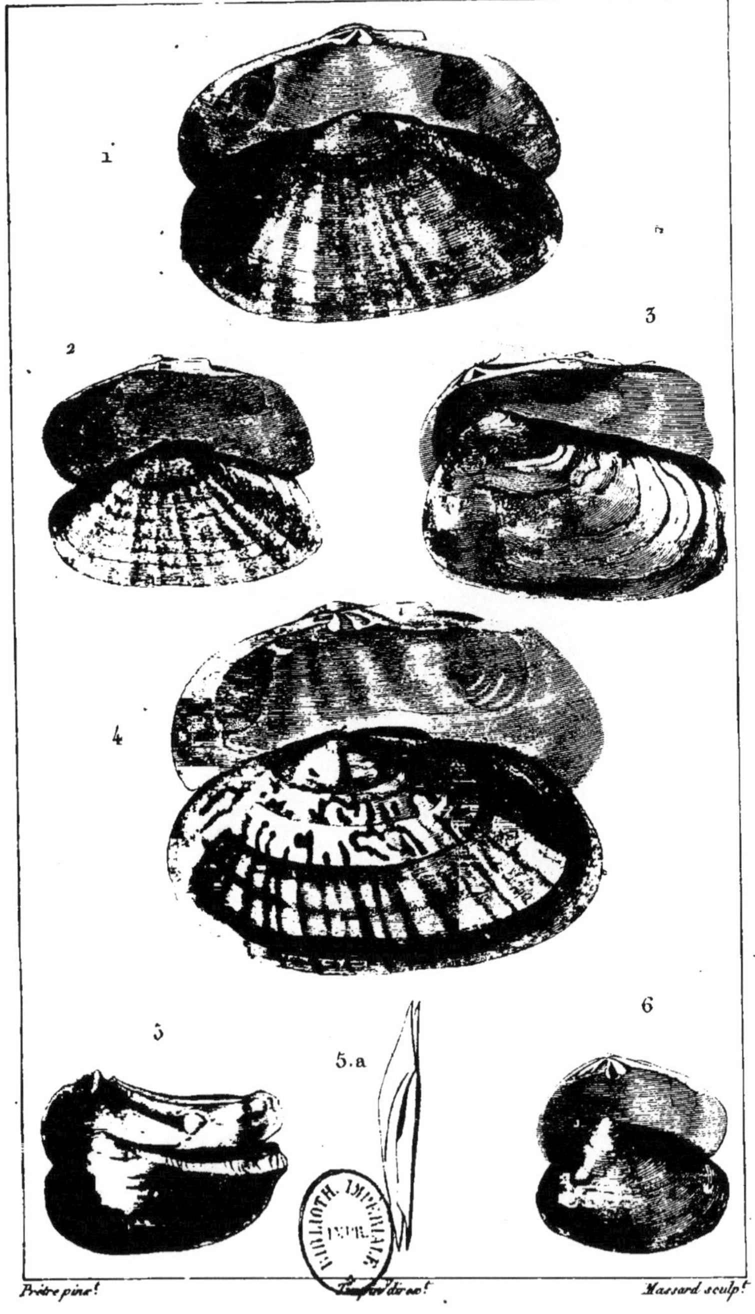

Prêtre pinx.t *Turpin direx.t* *Massard sculp.t*

1. PSAMMOBIE vergettée.
2. PSAMMOTÉE violette.
3. CORBULE australe.
4. SANGUINOLAIRE soleil-couchant.
5. PANDORE rostrée. 5.a *Id. vue par le dos.*
6. AMPHIDESME glabelle.

ZOOLOGIE.

CONCHYLIOLOGIE. Pyloridées.

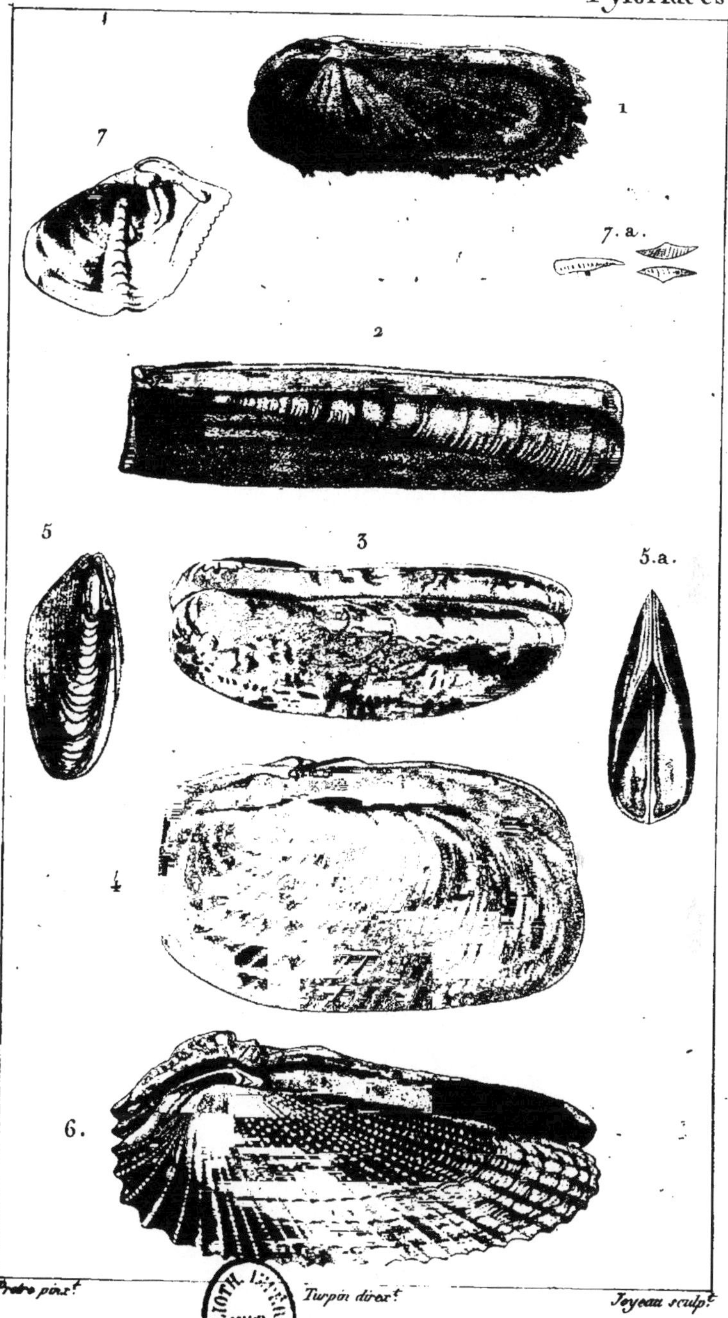

Prêtre pinx.t Turpin direx.t Joyeau sculp.t

1. SOLEMYE australe. 4. SOLEN rose. 5. GASTROCHÈNE cunéiforme. 5.a. *Id. vue en dessous.*
2. SOLEN gaine.
3. SOLEN coutelet. 6. PHOLADE grande taille.
7. PHOLADE crépue. 7.a. *Ses pieces accessoires.*

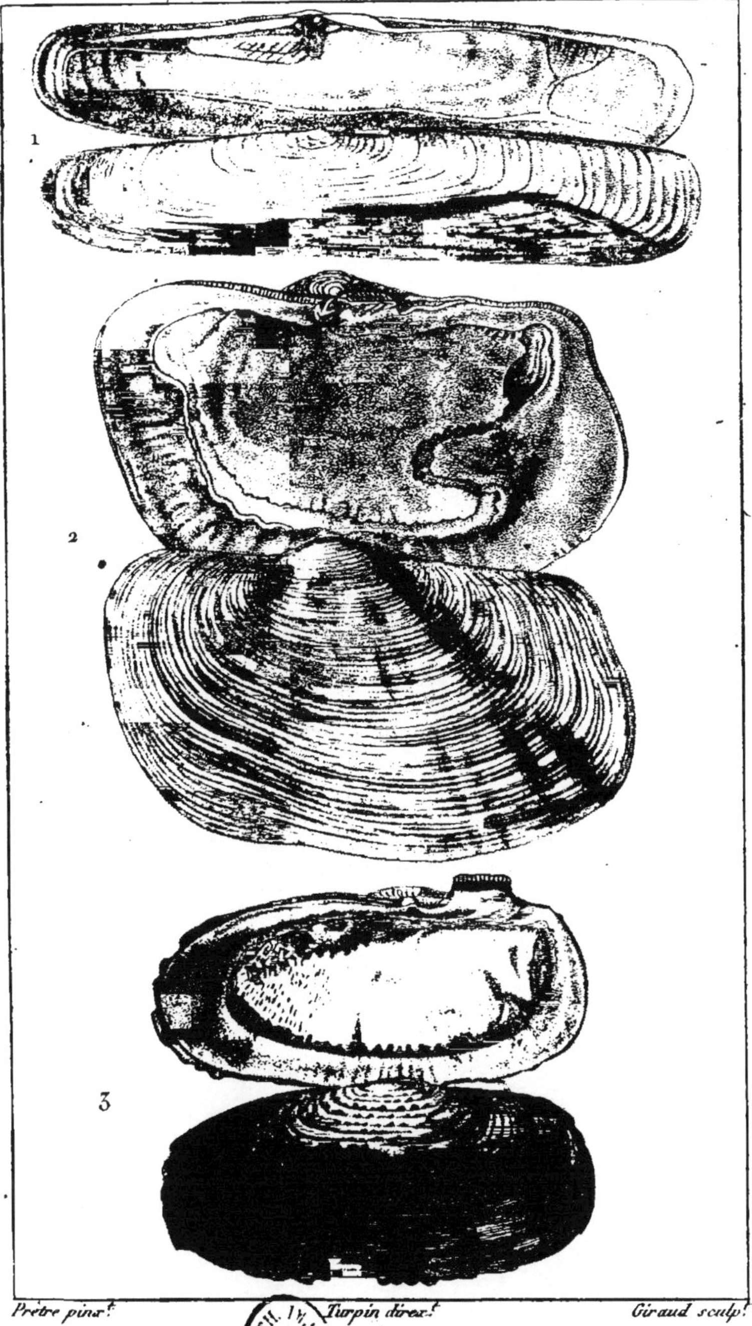

Prêtre pinx.t Turpin direx.t Giraud sculp.t

1. SOLÉCURTE Gousse. | 2. PANOPÉE d'Aldrovande.

3. GLYCIMÈRE épaisse.

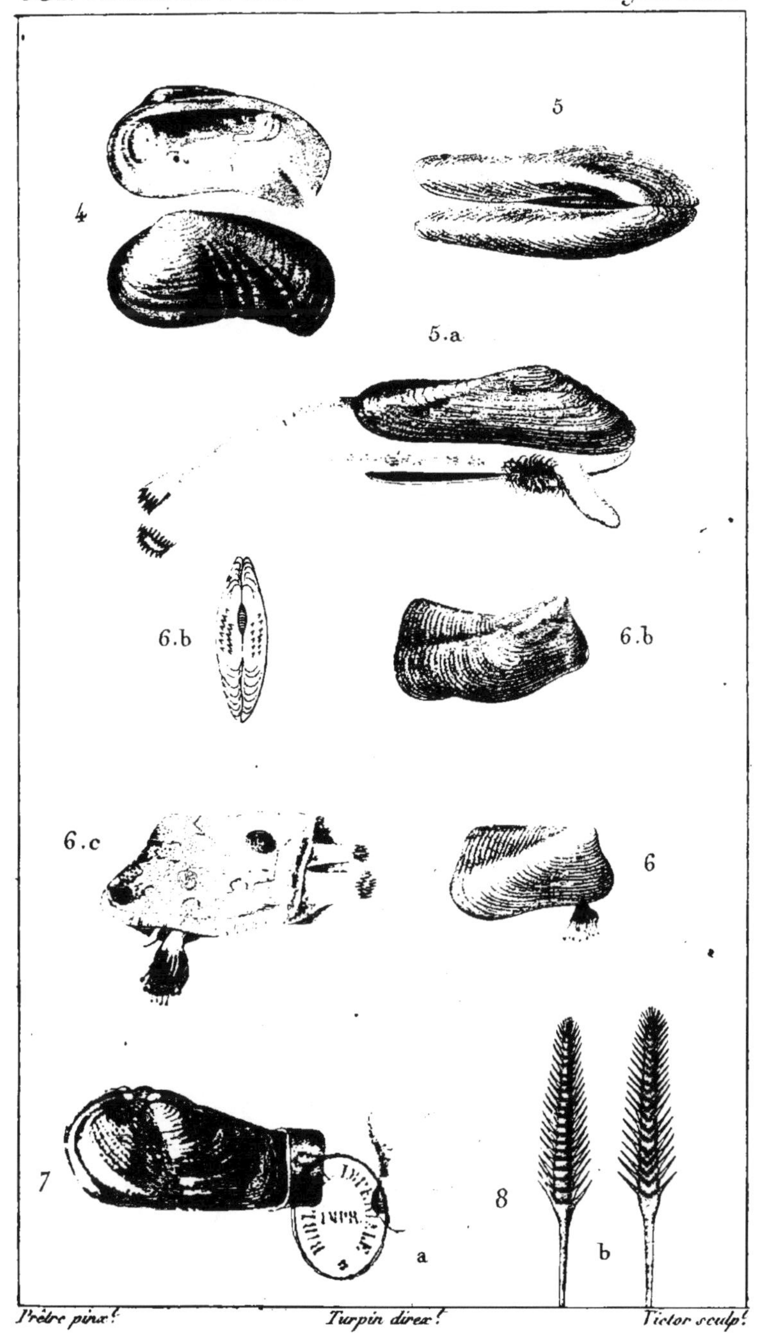

Prêtre pinx.t *Turpin direx.t* *Victor sculp.t*

4. SAXICAVE australe. | 6.a,b,c. RHOMBOÏDE rugueux.
5. 5.a. BYSSOMYE pholadine. | 7. PHOLADE striée.
8. TARET bipalmulé. a. *Sa valve droite*. b. *Sa palmule*.

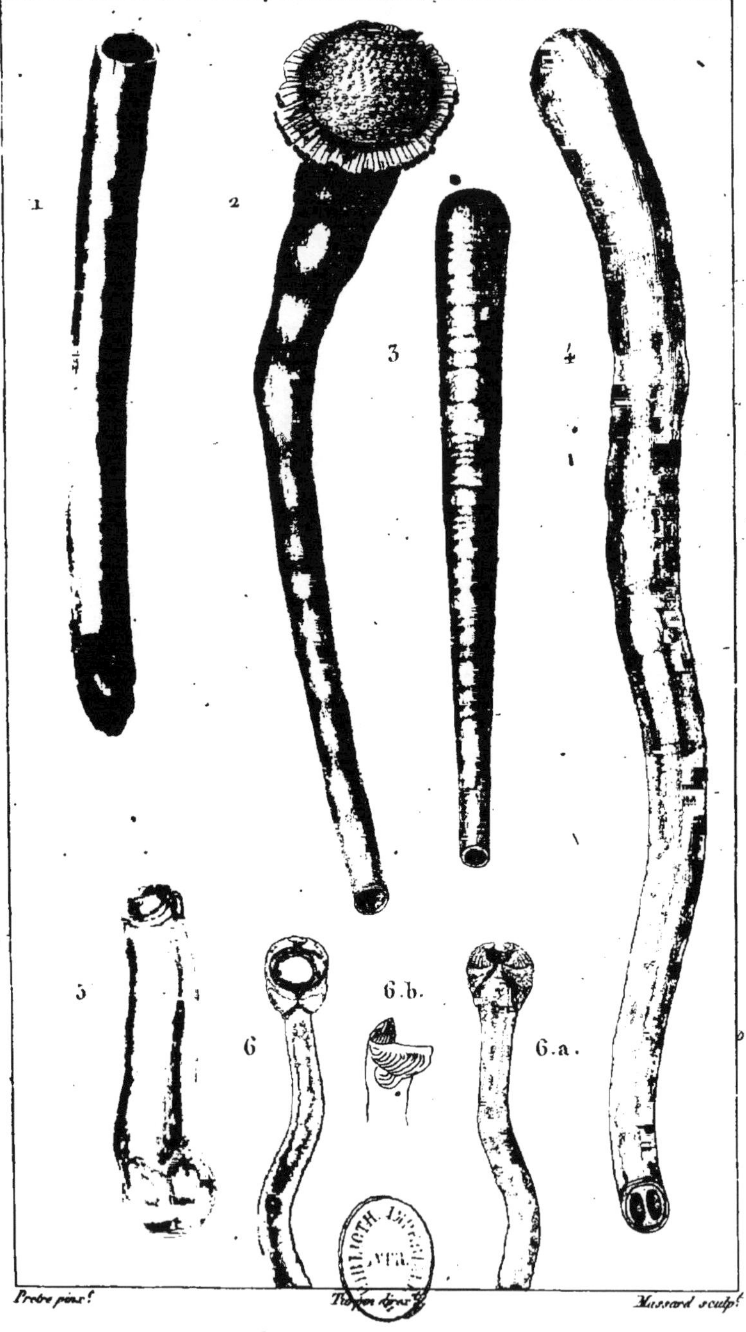

Prêtre pinx. *Turpin direx.* *Massard sculp.*

1. CLAVAGELLE tibiale.
2. ARROSOIR de Java.
3. FISTULANE massue.
4. FISTULANE corniforme.
5. TÉRÉDINE masquée.
6. TARET commun, *vu en dessous.*

6.a. *Vu en dessus.* 6.b. *Vu de profil.*

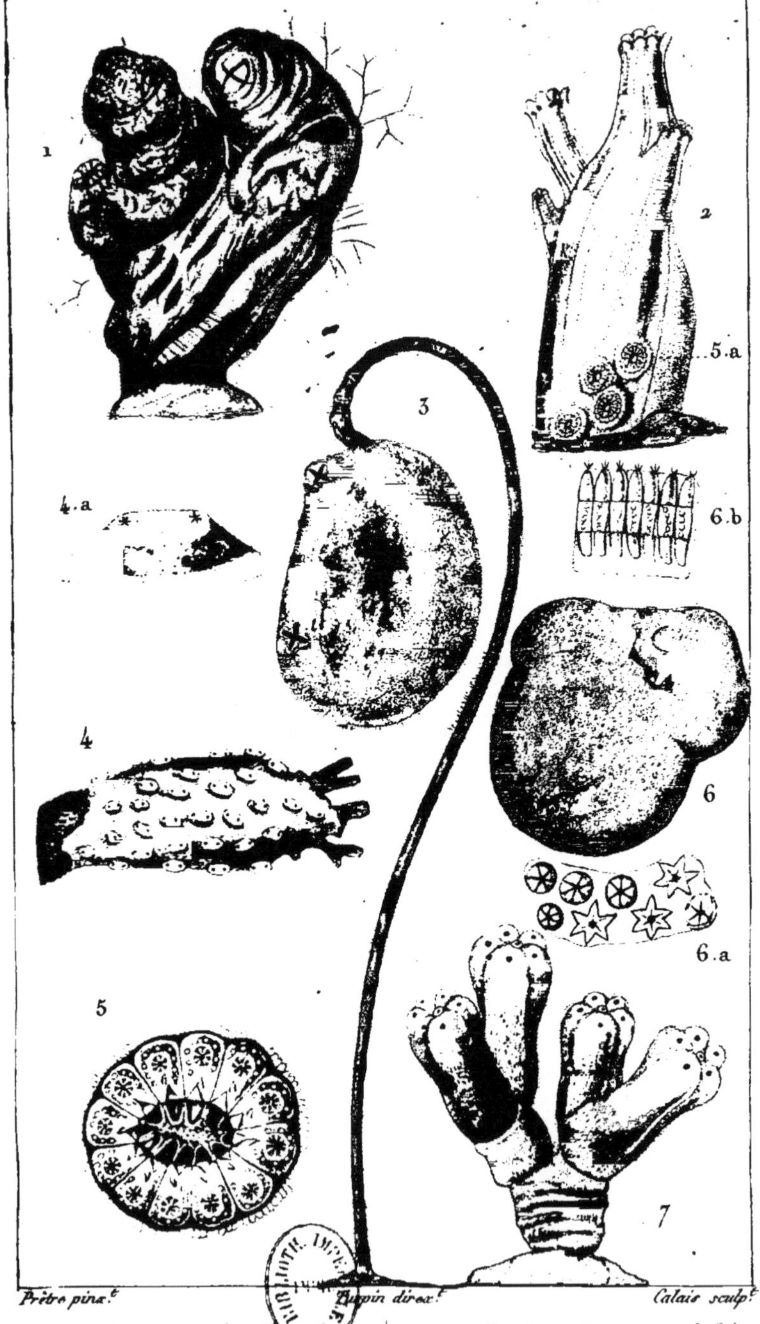

Prêtre pinx.t *Turpin direx.t* *Calais sculp.t*

1. ASCIDIE petit-Monde.
2. ——— intestinale.
3. ——— en massue.
4. 4.a. DISTOME variolé.
5. 5.a. BOTRYLLE étoilé.
6. 6.a. SYNOIQUE sublobé.
7. SYNOIQUE simple.

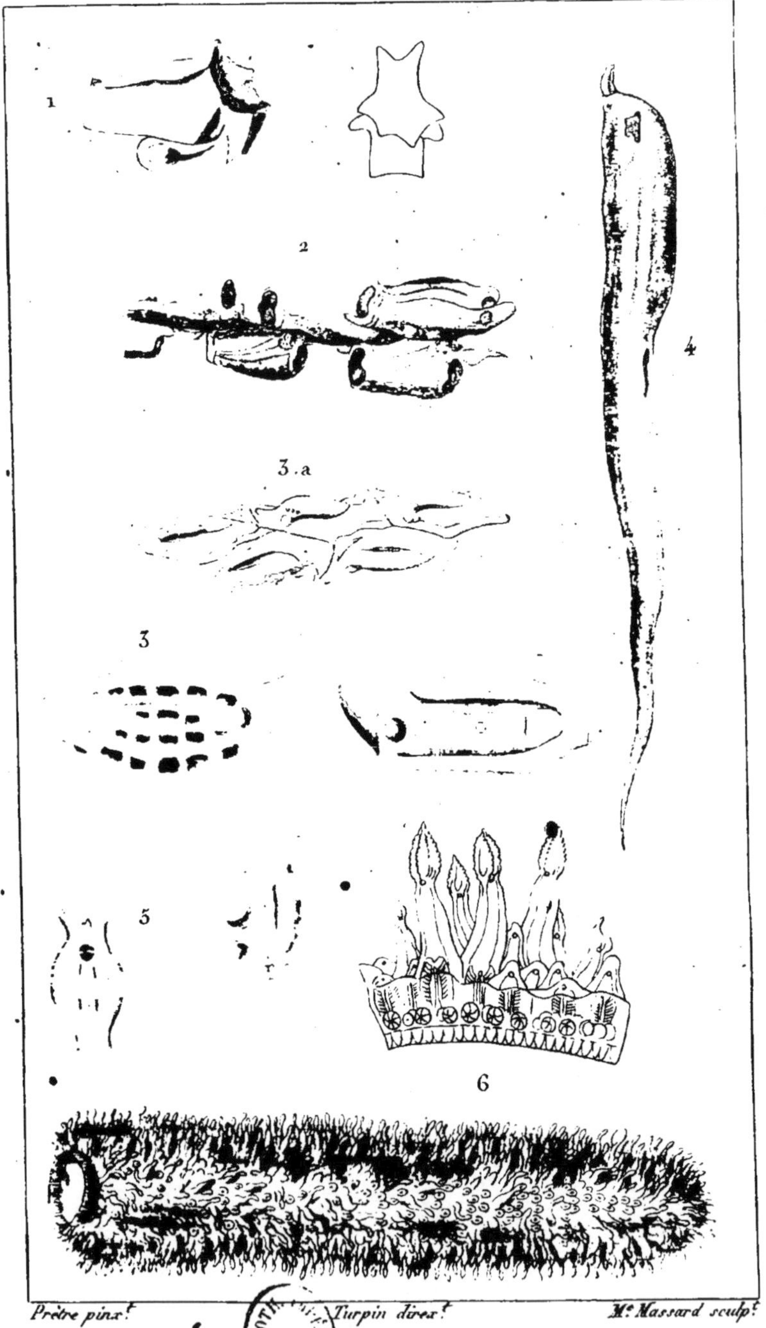

Prêtre pinx.t Turpin direx.t M.e Massard sculp.t

1. BIPHORE polymorphe.
2. ——— fusiforme.
3. ——— zonaire.
4. BIPHORE firoloïde.
5. ——— bicorne.
6. PYROSOME Géant.

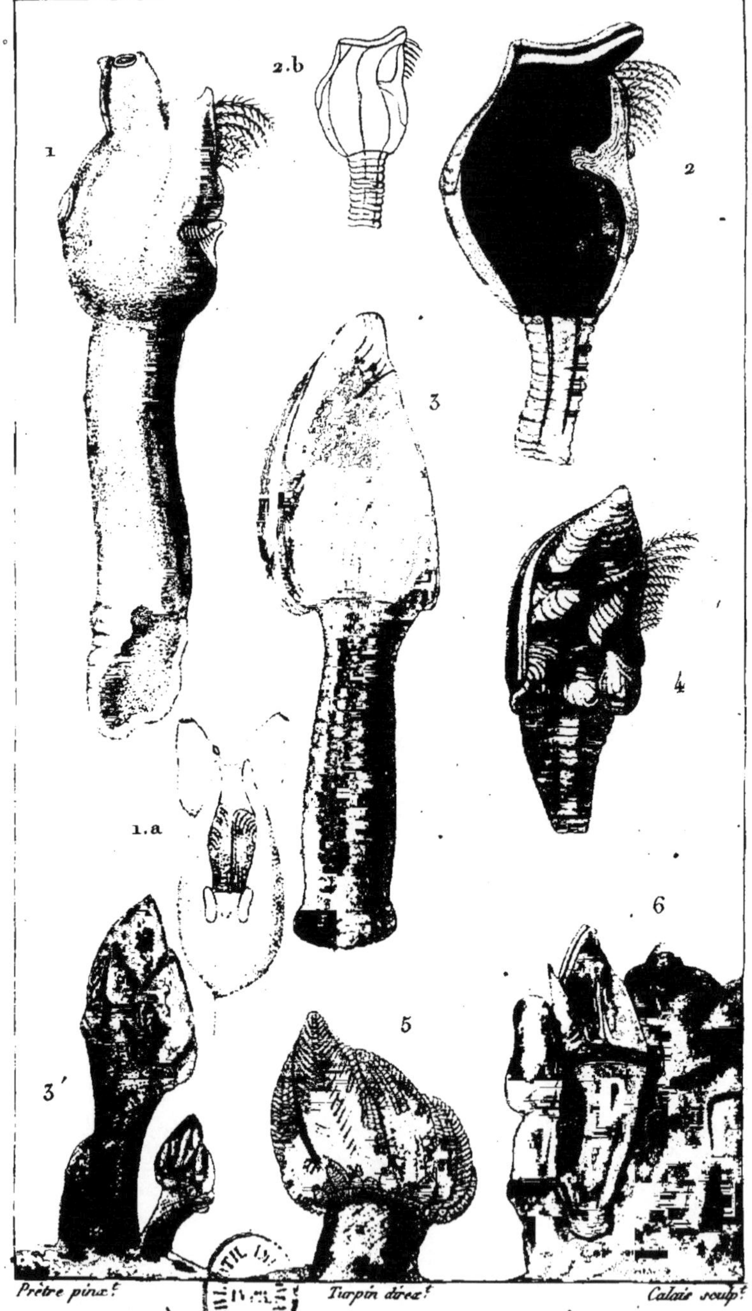

Prêtre pinx.t Turpin direx.t Calais sculp.t

1. GYMNOLÈPE de Cuvier.	3'. POLLICIPÈDE groupé.
2. ———— de Cranch.	4. POLYLÈPE vulgaire.
3. PENTALÈPE lisse.	5. ———— couronné.

6. LITHOLÈPE de Mont-Serrat.

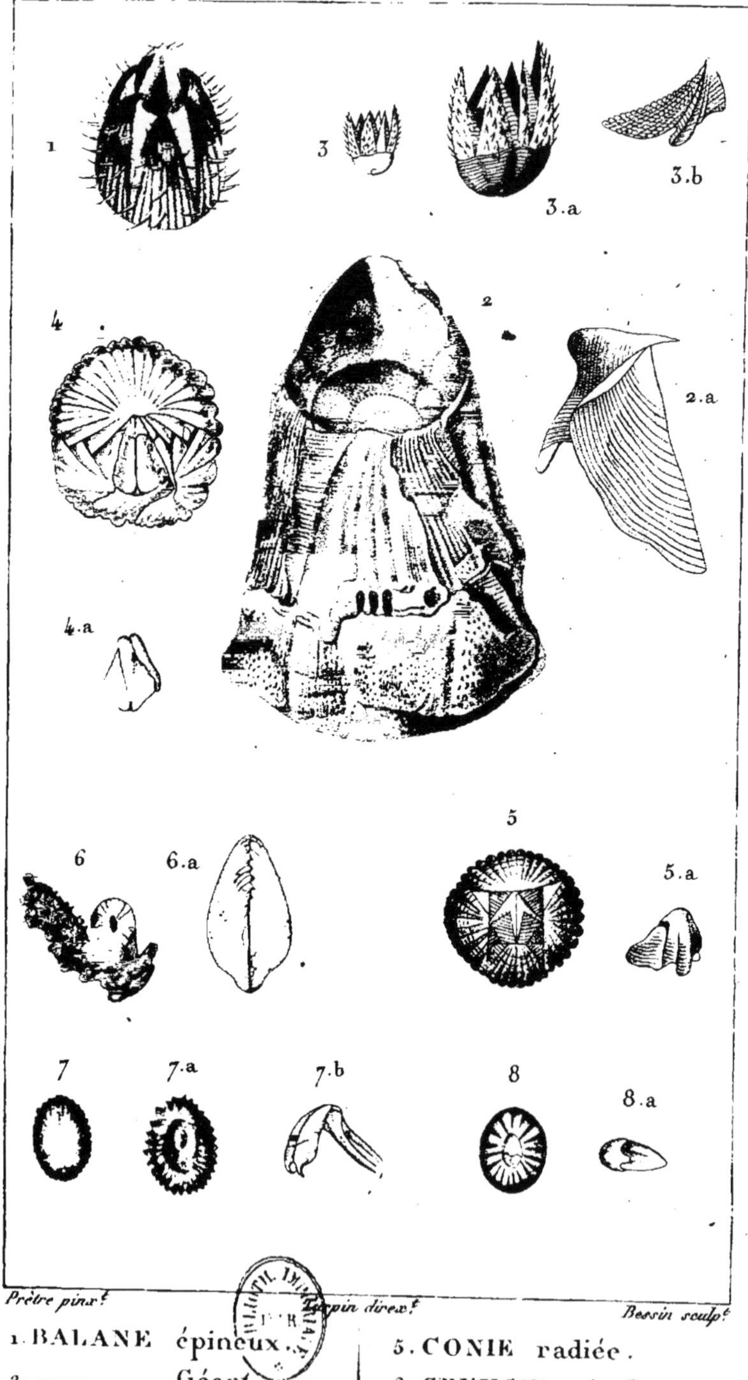

Prêtre pinx.t *Turpin direx.t* *Bessin sculp.t*

1. BALANE épineux.
2. ——— Géant.
3. ——— des Eponges.
4. ——— de Stroëm.
5. CONIE radiée.
6. CREUSIE spinuleuse.
7. ——— rayonnante.
8. CHTHALAME étoile.

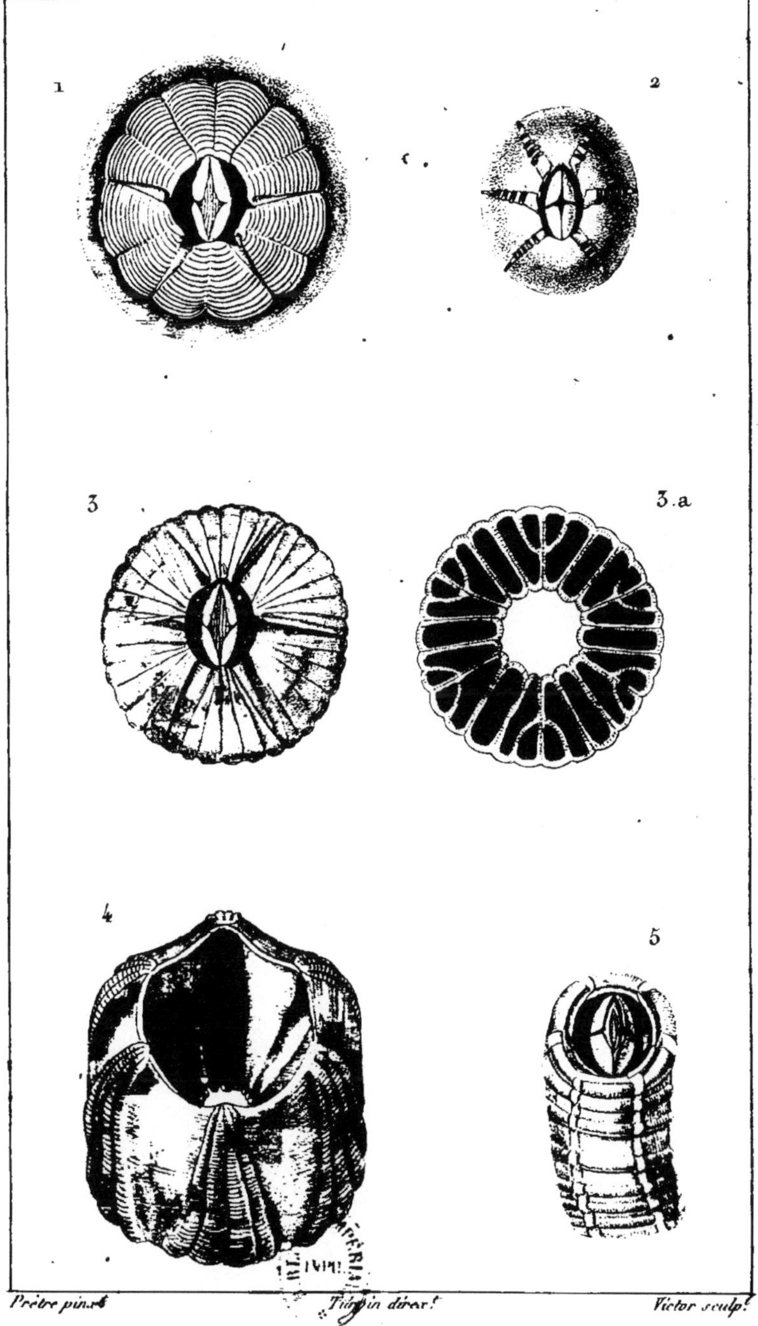

Prêtre pinx.t *Turpin direx.t* *Victor sculp.t*

1. CORONULE douze-lobes. | 3. CORONULE rayonnée.
2. ——— des Tortues. | 4. ——— diadême.
5. CORONULE tubicinelle.

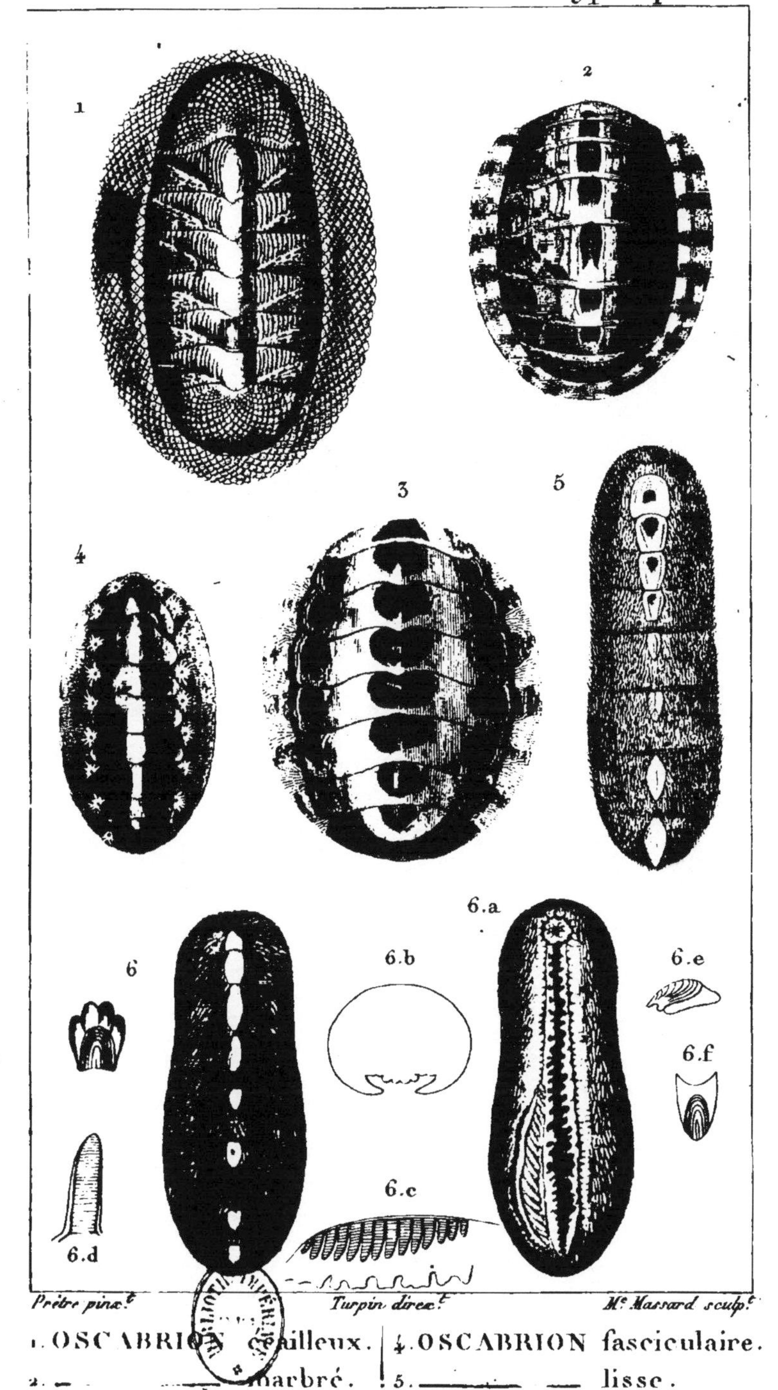

Prêtre pinx.t *Turpin direx.t* *Mr Massard sculp.t*

1. OSCABRION écailleux.	4. OSCABRION fasciculaire.
2. ——— marbré.	5. ——— lisse.
3. ——— brun.	6. ——— larviforme.

Imprimé en France
FROC031339220120
23240FR00016B/286/P

9 782329 355450